THE SERIES OF
TEACHING ENVIRONMENTAL ART DESIGN

环艺设计教学丛书

陈德胜　刘楠　编著　　辽宁美术出版社

室内空间设计原理

图书在版编目（ＣＩＰ）数据

室内空间设计原理／陈德胜，刘楠编著．—沈阳：
辽宁美术出版社，2016.7（2018.1重印）
（环艺设计教学丛书）
ISBN 978-7-5314-6734-2

Ⅰ．①室…　Ⅱ．①陈…　②刘…　Ⅲ．①室内装饰设计-
高等学校-教材　Ⅳ.①TU238.2

中国版本图书馆CIP数据核字(2016)第192453号

─────────────────────────────

出　版　者：辽宁美术出版社
地　　　址：沈阳市和平区民族北街29号　邮编：110001
发　行　者：辽宁美术出版社
印　刷　者：沈阳绿洲印刷有限公司
开　　　本：889mm×1194mm　1/16
印　　　张：7.75
字　　　数：220千字
出版时间：2016年7月第1版
印刷时间：2018年1月第2次印刷
责任编辑：洪小冬
封面设计：彭伟哲　王　楠
版式设计：王　楠
责任校对：吕佳元　黄　鲲　季　爽
ISBN 978-7-5314-6734-2
定　　　价：49.00元

邮购部电话：024-83833008
E-mail:lnmscbs@163.com
http://www.lnmscbs.com
图书如有印装质量问题请与出版部联系调换
出版部电话：024-23835227

21世纪全国普通高等院校美术·艺术设计专业
"十三五"精品课程规划教材

序 >>

当我们把美术院校所进行的美术教育当作当代文化景观的一部分时，就不难发现，美术教育如果也能呈现或继续保持良性发展的话，则非要"约束"和"开放"并行不可。所谓约束，指的是从经典出发再造经典，而不是一味地兼收并蓄；开放，则意味着学习研究所必须具备的眼界和姿态。这看似矛盾的两面，其实一起推动着我们的美术教育向着良性和深入演化发展。这里，我们所说的美术教育其实有两个方面的含义：其一，技能的承袭和创造，这可以说是我国现有的教育体制和教学内容的主要部分；其二，则是建立在美学意义上对所谓艺术人生的把握和度量，在学习艺术的规律性技能的同时获得思维的解放，在思维解放的同时求得空前的创造力。由于众所周知的原因，我们的教育往往以前者为主，这并没有错，只是我们更需要做的一方面是将技能性课程进行系统化、当代化的转换；另一方面，需要将艺术思维、设计理念等这些由"虚"而"实"体现艺术教育的精髓的东西，融入我们的日常教学和艺术体验之中。

在本套丛书出版以前，出于对美术教育和学生负责的考虑，我们做了一些调查，从中发现，那些内容简单、资料匮乏的图书与少量新颖但专业却难成系统的图书共同占据了学生的阅读视野。而且有意思的是，同一个教师在同一个专业所上的同一门课中，所选用的教材也是五花八门、良莠不齐，由于教师的教学意图难以通过书面教材得以彻底贯彻，因而直接影响到教学质量。

学生的审美和艺术观还没有成熟，再加上缺少统一的专业教材引导，上述情况就很难避免。正是在这个背景下，我们在坚持遵循中国传统基础教育与内涵和训练好扎实绘画（当然也包括设计、摄影）基本功的同时，向国外先进国家学习借鉴科学并且灵活的教学方法、教学理念以及对专业学科深入而精微的研究态度，辽宁美术出版社同全国各院校组织专家学者和富有教学经验的精英教师联合编撰出版了《21世纪全国普通高等院校美术·艺术设计专业"十三五"精品课程规划教材》。教材是无度当中的"度"，也是各位专家多年艺术实践和教学经验所凝聚而成的"闪光点"，从这个"点"出发，相信受益者可以到达他们想要抵达的地方。规范性、专业性、前瞻性的教材能起到指路的作用，能使使用者不浪费精力，直取所需要的艺术核心。从这个意义上说，这套教材在国内还是具有填补空白的意义。

21世纪全国普通高等院校美术·艺术设计专业"十三五"精品课程规划教材编委会

目录 contents

序

第一章 室内设计概述

本章重点 》

1. 了解室内空间的概念，明确空间设计的意义。

2. 了解室内设计与建筑环境之间的关系。

学习目标 》

1. 掌握室内设计的意义，掌握建筑与空间之间的关系。

2. 通过了解室内设计意义，达到理解如何利用设计改变生活的目的。

建议学时 》

4学时。

第一章　室内设计概述

第一节////室内设计的概念

一、室内空间概念

我们现在所研究的空间概念从广义上讲就是我们生存的环境。而我们生存的环境从整体上又可以被看作两大部分，一部分是室外空间，另一部分是室内空间。这里的界限就是"室"。

老子在《道德经》中曾经对"室"的含义进行了最初的分析："埏埴以为器，当其无，有器之用，凿户牖以为室，当其无，有室之用。故有之以为利，无之以为用。"其大致意思是说，糅和黏土做成器皿，有了器具中空的地方，才有器皿的作用。开凿门窗建造房屋，有了门窗四壁内的空虚部分，才有房屋的作用。所以，"有"给人的是一种条件，继而创造出来的"无"才是我们真正使用和获利的。这也是我国能够追溯的早期比较明确的对于空间的论述。

可见，空间从某种角度来说是虚无的东西，是由具体而实在的条件创造出来的虚无的场所。

因此我们对于室内空间的界定就需要借助"有"的实体来完成，具体来说，就是可以围合空间的建筑构件，其中重要的部分包括天花、地面、墙体。一般我们认为具备这三个构件的空间便是室内空间，而不具备这三个构件的空间我们称之为室外空间。当然，建筑的形式本身就是多变的，有时我们会看到一些只有部分构件围合而成的空间，比如天井，一般是由地面和墙面围合而成的较狭小的空间；又比如院子，虽然比较开阔但也是由地面和墙面围合而成的。这说明构成室内空间的重要元素是屋顶和地面。一个空间是否带有屋顶和地面基本上可以判定它是否是一个室内空间。至于墙面，我们可以适当利用它的不同形态来解释空间的多变性。比如只有顶棚却没有墙面的亭子，虽然不能挡风但是可以遮雨，我们也可以把它当作室内空间来理解，而只有一面或两面墙体的空间，我们也可以将它理解为半封闭的室内空间，这种室内空间在中国古典园林中是极具代表性的。而顶棚、地面和可以围合在一起的墙面全都具备的空间则是典型意义的室内空间。

对于一个空间的构成，建筑学的研究者始终

图1-1　由柱子和顶棚构成的空间

图1-2　室内空间的基本界面

在创造着奇迹。室内空间由最初的作为人们挡风遮雨的场所演变成今天形态各异的功能空间，其间融合了无数科技的进步和技术的变革。建筑结构也由单一的依赖材料建立的结构，变革为今天我们看到的由新技术到来的无限飞跃性进步。室内空间不仅形态各异，而且个性突出，这其中更是萌发了室内设计、陈设设计、家具设计等越来越细致的专项研究。

可见室内设计是建立在建筑设计的基础之上的。它们之间的区别在于建筑设计的精髓虽然也是对于空间的营造，但是从目前的研究成果来看，建筑设计更偏重于建筑的结构和材料对于空间形态的影响，而单纯的室内设计是建立在建筑设计的基础之上，更加细腻地研究构成空间的各个界面之间的关系以及构成空间的界面本身的装饰效果。二者相辅相成，关系密切。

图1-4 室内空间与景观的结合

图1-3

二、室内设计的意义

1.生存与生活。

人们的生活永远离不开空间。日常起居、工作、娱乐、学习、交流等都需要在不同的室内空间中进行，人们需要一个场所来进行日常的各项活动，而这个场所的舒适度以及功能的合理性则直接影响着人们生活的状态和效率。因而室内设计的质量直接影响着人们的生存状态。良好的室内氛围在满足人们的基本物质需求的同时，可以使人心情愉悦，有利于引导人们产生积极的心态。因此空间不仅能引导人们的行为，也能引导人们的观念和信念。

使用的便捷与舒适，是人们对空间的基本需求，也是室内设计的基本意义。

但是随着生活的变革，空间从原始的满足生存的需求演变到今天，不再仅限于需要满足人们的多种生活需求了，在更多的层面，人们希望借由空间来满足对个性的追求和对意境的追求。

图1-5

图1-6

2.个人文化与品位的体现。

空间可以代表所有者的文化与品位，是个人综合素质和修养的象征。正因如此，人们对于空间的要求就不仅仅是建立在满足基本使用条件上，而是对于空间形象提出了更进一步的要求，从空间形态到陈设家具，综合的空间关系会营造出特定的空间气氛。而整体的空间形象往往能够体现使用者的喜好、个性、文化与内涵。尤其是对于具有一定私密性质的空间而言更是如此。例如个人居住空间、个性化工作室等。这一类空间一般以一个人或少数几个人居住或使用为主，因此居住者自身的物质和精神需求对于空间的形象影响很大，设计者会在空间设计的过程中尽量满足使用者的需求，因此这一类空间往往具有强烈的个性特点。而每一个人的个性特点、兴趣喜好、职业年龄等都会在空间设计中体现出来，这也是室内设计的重要意义。

3.情绪的引导。

良好的室内氛围可以引导人们的情绪，平和人们的心情，继而对人产生心理暗示，也就是所谓的空间可以引导情绪。而某些特定的空间，则十分注重对于人们心灵的引导和情绪的暗示。例如教堂空间，往往具有高耸的建筑空间、比较单一的色彩，通过建筑设计实现强烈的自然光线引入，通过室内家具布局整齐对称等具体的手法营造神圣的空间气氛，从而达到引导人们产生平和心境、沉淀情绪、赋予自身希望等。空间形式和室内陈设的结合往往会产生强大的力量，引导或者推动人们情绪的变化。

例如纪念馆类型的空间，往往具有昏暗的光线、曲折的空间、复杂的空间色彩、亦动亦静的空间陈列节奏。这些空间特质都会使人感觉心情沉重，强化人们的哀痛心理。又如商业空间，往往具有明亮的室内光线、明显有序的流线设计、鲜明的品牌特色、柔和的背景音乐，这些空间特质会使人们情绪放松，感到舒适，加强停留时间，自然也就有利于更好地实现商业利益。

图1-7

图1-8

例如美术馆等文化性展示空间往往通过视野设计、光线设计、流线设计等室内设计手段使人们在参观的过程中适时地停留与思考，进而达到提升人们审美和修养的作用。而这一切的引导往往要依靠室内设计中的一系列具体手段相结合来完成。

在办公空间中利用合理的功能设计、照明设计、声效设计、绿化设计、家具设计等，可以起到提高工作效率，增加创新精神，增加人们的条理性和逻辑性等作用。

因此，不同的空间具有不同的特质，可以引导不同的空间情绪。

综合而言，室内设计中的一系列具体手段，例如光线设计、色彩设计、绿化设计、界面造型设计、陈设设计、家具设计、装饰设计等共同起到了引导人们行为和情绪的作用，这也是室内设计的真正意义。

图1-11

图1-12

图1-9

图1-10

第二节/////室内设计的功能

一、自然功能

1.居住功能。最初的室内设计就是为了满足人们的生存居住功能而产生的，居室是人们的栖身之所。室内空间发展到今天，无论形式结构如何丰富，对于居住条件的满足依然是室内设计最基本的功能。目前人们的居住空间形式比较多样，产生的居住空间形式也比较丰富。一般来说，生活在人群密集的城市中心，人们的居住空间多以社区公寓为主，也就是一个生活社区中有很多建筑，每一栋建筑中又居住着很多住户。这种形式的空间本身形态比较类似，没有丰富的空间结构，功能也比较简单，基本上可以满足上班

族的最基本的生活需求，但是缺乏个性化的空间。而另一种居住形式则是别墅形式，相对于前一种空间形式，比较灵活多变，空间功能除了满足日常生活需求之外，还会有一部分空间体现居住者的个人爱好，功能丰富。

2.餐饮功能。公共餐饮是人们交流的重要场所。朋友、同事之间的聚会、交流、谈话等往往都在公共餐饮空间中进行，因此只要是有人的地方，餐饮空间就是必不可少的街景。服务的人群对象不同，餐饮空间的面积、形象、规模、特色也各不相同，但都是在满足人们基本饮食的基础上的一个重要社交场所。

3.办公功能。大部分的人会在比较固定的场所办公，因此办公空间就成为人们除了居住空间以外最常使用的功能空间。由于工作性质、工作

图1—13

领域的不同，办公空间设计种类也十分繁杂，这里不仅涉及各行各业的专业特色，还要根据各个公司的性质规模营造不同的空间氛围。

图1-14

图1-15

图1-16

4.学习功能。学习是人们毕生追求的事业。不仅是学生需要学习，成人亦是如此。因此学习空间需要根据不同的对象来分别进行设计，其中空间形象设计、设备设计、家具尺度设计、陈设设计、安全设计等都要根据不同使用情况来具体分析。常见的学习功能空间有学校、图书馆。

5.健身运动功能。随着人们生活水平的提高，人们越来越重视自身的健康与形体训练，因此以健身为主要功能的空间也成为人们生活中比较重要的一种空间形式。常见的健身场所有健身房、游泳馆、舞蹈教室、溜冰场。

6.娱乐游戏功能。人们在忙碌之余会有休闲娱乐和游戏的需求，因此游戏和娱乐空间也成为人们生活中不可或缺的空间。儿童有对于游戏场所的需求，成人也有对休闲场所的需求。空间的功能总是与人们的生理以及心理需求息息相关，因此这也是空间的一个重要功能。常见的娱乐场所有游乐场、游戏厅、KTV、休闲吧等。

居住、办公、餐饮、学习、健身、娱乐是人们日常的基本需求，因此这些也是比较重要的空间功能。除此之外，还有一些辅助性质的空间功能，例如医疗、购物、展示等特殊功能。这类功能空间是人们生活的组成部分，但不属于日常需求。

二、精神功能

空间除了具有日常使用功能之外还具有一定的精神功能，即通过空间设计来引导人们的情绪，使人们开拓视野、增长知识、提升审美、开发自我。例如美术馆设计，不仅仅是为艺术品提供一个陈列的空间，还需要研究人们的心理，根据人们的参观习惯来一张一弛地组织空间节奏，有序地展示不同类型的艺术品，使人们通过在空间中的行走来完成一次自我修养的提升和审美意识的增强。这种精神功能是需要高超的空间设计手法来实现的，而不是简单的展品堆砌。

图1-17

图1-18

图1-19

三、意境的体现

建筑、空间、环境这三者是浑然一体的。空间的形成离不开建筑形态，更离不开环境辅助。一个优秀的空间设计，必然是三者的完美结合，缺一不可。

例如中国古典江南园林建筑，浑然天成，是体现空间意境的代表之作。其建筑、环境、空间、庭院的综合处理可谓精雕细琢。空间中的陈设、家具等布置也十分考究，所有的因素共同成就了空间意境的经典之作。

现代空间设计要充分考虑建筑、空间、环境这三者之间的关系，虽然空间的面积、形态不尽相同，但是一个充满意境的空间中，这三个要素一定是相辅相成的。

图1-20

第三节 //// 建筑形式与空间关系

一、建筑形式与空间形式

人们使用的是建筑内部空间，人们看到的是建筑外部形体。究竟是内部空间决定建筑外部形体，还是建筑外部形体来决定室内使用空间形象，这在建筑设计和室内空间设计的实践中一直被争论着。一部分建筑师比较注重建筑外部形体和建筑皮肤的设计，强调建筑形象的重要性，因而限制了部分室内空间的功能，甚至是牺牲了部分室内建筑空间，以达到建筑形态的"完美"。而密斯·凡·德·罗在《关于建筑形式的一封信》中曾强调："把形式当作目的不可避免地只会产生形式主义……不注意形式不见得比过分注重形式更糟，前者不过是空白而已，后者却是虚有其表。"从目前大部分设计师认为强调内容对于形式的决定作用这一点来看，无疑是正确的。

外部形体是内部空间的反映，而内部空间，

图1-21

图1-22

包括它的形式和组合情况，又必须符合功能的规定性，这样看来，建筑形体不仅是内部空间的反映，而且还要间接反映出建筑功能的特点。也就是说，只有把握住各个建筑的功能特点，并合理地赋予形式，那么这种形式才能充分表现建筑的个性。

二、建筑技术与空间关系

建筑的空间形式始终受到建筑技术的条件约束。能否获得某种形式的空间，不仅取决于我们的主观愿望，更主要的是取决于建筑结构和技术条件的发展水平。例如古希腊就曾出现过戏剧活动，并且已经对剧场空间有实际的需求，然而以当时的技术条件，人们不可能获得一个可以容纳千人的巨大室内空间，因此当时的剧场只能采取露天形式。由此可见，建筑与空间的形式受到结构和建筑技术的影响。

近现代建筑的发展表明了技术对于空间形式

图1-24

图1-23

图1—25

的巨大推动作用。尤其在扩大室内空间方面，近现代的建筑技术发展带来了前所未有的空间形式变革。壳体结构、悬索结构和网架结构等新型结构体系层出不穷，都体现了技术的飞跃。在空间设计中，无论从层高层数的增加，还是面积的扩展，都对空间形式产生了深远的影响。空间形式不仅产生了更多变化，而且更加独立并具有特色。

三、建筑材料与空间关系

历史上每出现一种新的空间结构，都会为空间的发展带来无限的可能性。它不仅仅使空间的灵活性增加，更大程度上是促进了新材料的应用和发展。原始的建筑空间由于受到结构和技术的影响，材料的使用受到了极大的限制。新材料的出现必须有相应的技术作为支撑，技术的发展自然就会使更多的新材料应用于建筑中，空间的形态也会随之发生变化。

图1—26

图1—27

第二章 室内空间分类

本章重点 》

1. 了解室内空间的布局分类，了解建筑的基本结构。

2. 了解人在不同形态的空间中会产生不同的情绪及体验。

学习目标 》

理解室内空间的空间种类以及心理分类，便于指导具体的空间设计。

建议学时 》

12学时。

第二章 室内空间分类

第一节//////结构分类

一、空间结构

建筑空间有四种基本结构。

第一种是以墙和柱承重的梁板结构体系。它主要是由梁柱来承重和传递荷载，而墙体只是起到为何种空间的作用。公共空间和高层住宅一般都适用这种建筑结构。

这种结构体系主要是由两类基本构建共同组合而形成空间的。一类是墙柱：墙柱是形成空间的垂直面，承受的是垂直的压力。而梁板形成的是空间的水平面，承受的是弯曲力。它的特点是墙体本身既要起到围隔空间的作用，又要承担屋面的荷重，把维护结构和承重结构这两个任务合并在一起。正因如此，这种结构的建筑空间不

图2-2

图2-1

可能获得较大的室内空间，因此一般适用于居住型空间。但终究因为不能灵活自由地分割空间，因此某些功能要求比较复杂的空间，往往不会采用这种结构。此种结构所形成的住宅空间在进行室内设计的时候会因为其建筑结构特点而形成特殊的优势。住宅所使用的建筑材料都是以相同的模数为基础的，这也在室内设计中为设计师们提供了便捷，例如公寓卧室的开间常见的有3米、3.3米、3.6米、3.9米、4.2米。而地面、天花等装饰材料也都是执行以300毫米为递进的统一标准，这不仅为住宅空间的设计和材料预算提供了方便，也成为设计师们在进行室内造型设计时所遵循的尺度变化规律。

图2-4

第二种是大跨度结构体系。其中包括桁架结构、刚架结构、壳体结构、悬索结构等。此种结构的形式变化极为丰富，既适合于正方形和圆形的平面建筑，又适合三角形、六角形、扇形以及不规则建筑，由于它广泛的适应性，为建筑空间形式开辟了广泛的可能性。

图2-5

图2-3

图2-6

图2-7

图2-8

第三种是悬挑结构体系。悬挑结构的历史比较短暂，这是因为在钢筋混凝土等具有强大的抗弯性能材料出现之前，用其他材料不可能做出出挑深远的悬挑结构。悬挑结构在屋顶的形象呈现方面只需沿着一侧设置立柱或支撑，并通过它向外延深出挑，用这种结构来覆盖空间，可以使空间的周边处理成没有遮挡的开放空间。例如，体育场看台上部的遮篷、航站楼上部的遮篷等大都采用这种结构。

第四种是日常生活中比较常见的框架结构体系。它的最大特点是把承重的骨架和用来分隔空间的帘幕式墙面明确地分开。它对空间带来的影响是室内空间可以无限开敞，墙体的位置设计十分灵活，空间变化比较自由。现代建筑以各种方法对空间进行灵活的分隔，不仅适应了复杂多变的空间需求，而且实现了"流动空间"的空间形式。不仅如此，空间立面处理以及门窗的开启方式也发生了新的变化。这也为室内空间设计的灵活性打下了良好的基础。

图2-9

二、可变空间

可变空间是空间中比较活跃的一种形式，它是指一个整体的围合空间中的界面可以通过移动来改变原有空间的形态。这种空间往往具有多种功能，可以根据不同的使用需求"自由地"分割空间，并形成多种空间效果。随着人们对空间的多重需求，这种可以通过自由变换空间界面而产生的可变空间也越来越受追捧。尤其是对于空间整体面积有限，却需要实现多种功能的使用者来说，这种空间类型无疑是最佳选择。

图2-10

图2-12

图2-11　可变空间的各个功能

图2—13

图2—14

三、封闭空间

封闭空间是由建筑元素中的顶棚、墙面、地面围合而成的独立空间。而且这几个空间界面所使用的材料都不具有透光性。空间相对完整，封闭性较强，具有一定隔声、隔热效果，并且从视觉上完全独立。这样的空间给人的感觉是安全的、稳定的、私密的。因此比较适合住宅空间以及封闭型公共空间，例如办公室、资料室等。

图2-17

图2-15

四、开敞空间

开敞空间是指室内空间中的墙面有一个或多个在视觉上是完全通透甚至取消墙面的，人们从视觉或是行为上不受阻挡，可以直接与室外空间紧密相连。这类空间一般都具有较高的品质，但是这类空间受地理位置的约束较多，一般出现在气候条件较好的地理位置上。

图2-18

图2-16

图2-19

五、非常规空间

非常规空间一般是指建筑形态比较自由的室内空间中，有一部分空间变化比较丰富。一般在大型公共空间中比较常见。例如商场、展示空间等。由于空间立面和平面的不规则变化，室内视觉层次更加丰富，交通流线设计也更加丰富多变，空间中常常出现特殊变化，往往给人们增添了许多乐趣和兴趣，使人加深对空间的印象。

图2-20

图2-22

图2-21

图2—23

图2—25

图 2—24

图2—26

六、共享空间

共享空间一般出现在大型公共空间中，特指在众多复杂空间中共同拥有的比较开敞的空间。例如大型商场的共享中庭。它不仅是空间中的视觉中心，还是空间中方位关系确立的参照物，同时也是空间中交通设计枢纽，起到聚集和分散人群的作用。共享空间一般连通各个独立的空间，是空间的总汇与中心。

七、完全自由空间

此类空间几乎不受建筑界面的限制，甚至没有明显的顶棚、墙面以及地面界限。关于室内、室外的界限也比较模糊，一般用于艺术性空间设计。

图2—27

第二节//////心理分类

一、静态空间

静态空间指的是空间形态和室内陈设都是静止不变的空间，而且陈设意味浓重，形象固定。静态空间限定较多，布局固定，空间形式比较平稳。

二、动态空间

动态空间是指空间中的陈设设计或者家具设计有一定的可变性的空间，例如带有水池的室内空间、可以旋转的餐饮空间，或者是具有观光功能的移动空间等。在同一空间中可以出现不同的陈设效果或环境变化。这样的空间给人的感受十分活跃，也容易引发人们的兴趣。

三、私密空间

私密空间一般面积不会太大，有强烈的归属感和安全感，空间封闭而且视线受到阻隔，同时具有隔声和保温功能，适合人们进行私密活动或日常生活。

四、公众空间

公众空间顾名思义，是可以多人一起活动的空间，例如商场、餐厅、礼堂等。公众空间通常视野开阔、空间宽阔，而且主体装饰形象明确，具有公共服务设施。

五、行为空间

行为空间是从人们的实际使用角度出发，一般是指可以真实进行实际活动的空间。它有别于知觉空间，是实实在在的空间，提供人们的各项使用需求和审美需求。它有具体的尺度约束、有具体的陈设、家具，是以功能为出发点进行设计的具体空间。

六、知觉空间

知觉空间是可以引发人们思考的空间，没有具体的形式和内容，是依附于整体空间中的局部空间，例如美术馆中央的空地，博物馆中的座椅等。人在展示空间中除了视觉看到的展品之外，通常会产生情绪上的波动，人们需要一定的时间和空间进行沉思和感悟，有时候甚至还需要平复激动的心情。知觉空间是建立在人们的心理需求之上的分类，它没有明显的空间特征，也没有特殊的陈设要求。它是建立在综合空间中的局部空间。

七、虚拟空间

虚拟空间指的是人们特定状态下受到心理暗示而感受到的特殊范畴的空间，一般这种空间都是依靠外界的灯光、色彩、声音以及科技影像技术来营造的一种虚幻的空间范围。这种空间在展示空间中常常出现，它并不是由墙体围合而成的，而是虚幻的，但却从感受上能给人以真实空间的体验。

第三节//////使用分类

一、公共空间

公共空间的类别很多，这里选出几个重点类型，简要说明一下空间的功能设计与陈设设计。

酒店空间是为外出旅行或参加会议等人群服务的空间。它主要提供休息、餐饮、导游及交通等服务。酒店空间设计一般分为四个部分。第一部分是酒店大堂。酒店大堂具有接待、办理进出酒店、接送服务、导游服务、临时金融服务等基本功能，因此在空间设计中应充分考虑各个功能的服务空间以及个别功能的封闭性空间设计。同时，酒店大堂设计是整个酒店级别和形象的代表，因此在形象、陈设、选材、照明等具体设计问题上都要和谐统一，符合酒店的综合级别和特点。第二部分是客房设计。客房是旅客休息的空间，因此独立性较强。在设计上要注意其封闭性和安全性，同时设备设施的预留空间要充足。从功能上尽量满足对人群的各项需求，同时考虑家具设计标准化，便于酒店的综合管理以及客房服务。当然客房设计也需要个性化和特色化，在满足旅客正常休息使用的前提下尽量为旅客提供耳目一新的具有独立特色的生活空间。第三部分是餐饮空间。作为星级酒店，独立的餐饮空间是必备的功能空间，它的设计应与酒店的综合级别和特色一致。有条件的酒店还会设计多种风格的餐饮空间，以满足不同游客的需求。第四部分是服务空间。作为酒店的服务空间，其功能非常具体，在进行综合空间布局设计时需要根据其具体空间预留适当的面积，同时要考虑具体的服务项目进行空间布局。

图2-28

　　图书馆空间是公共空间中比较具有代表性的空间形式。它的空间特点分明，基本上分为两大部分。第一部分是陈列空间，这一部分空间主要是利用各种展示介质来陈列以书籍为重点的文化用品，陈列空间同时也是人们的选购空间，空间的结构形式并不复杂，但是对于展示陈列介质的设计要求较高，既要符合人体工程学中关于视觉展示的规定，又要适度体现出空间特色。由于图书馆空间中大部分陈列的是书籍，因此还要合理地根据实际的种类瓜分总体空间，使各个空间相互关联又界限分明。第二部分是服务空间。图书馆空间中的服务项目所占比重相对于其他公共空间面积较少，但是相对应的功能也十分丰富，在设计时应该同样重视起来。另外图书馆空间中的休息座椅以及阅读空间设计也十分重要，级别越高的图书馆空间，其空间中的休息及阅读空间设计就越丰富，越人性化。为人提供舒适的服务空间，使人获得良好的购物体验也是其实现商业利益的一种手段，因此这一类空间都应该在设计时针对人们的购物体验而进行人性化的空间设计。

图2-29

　　展示空间一般是专门为了从事展示活动而设定的空间和地域，当然，这种空间和地域的限定范围和其具体形式还要根据展示的内容本身具体而定。我们一般会根据某一项具体的展示内容来进行展示空间的设计和气氛的营造，使参观者对空间留有深刻印象或者产生情感共鸣。展示空间设计重点在于利用多种空间陈列手段来突出展品，同时合理设计参观路线，适当对观众进行疏导和指引。空间中利用一切因素来营造氛围，突出展示主题。对于照明、色彩、形式、音像等都要给予充分的考虑，同时利用丰富的空间围合形式组织空间，使空间产生亦动亦静的疏密关系，配合展示节奏，共同实现展示的目的。对于宣传性的展示空间，还要注意为人们提供一定空间进行情感上的消化与共鸣，而对于商业性质的展示空间，则应注重对于产品的展示和现场的互动活动空间设计。

图2-30

图2-31

二、商业空间

商业空间一般是指以营利为目的的场所。根据其规模的不同也可以广义地分为大型综合商业空间、中型商业空间和小型商业空间。对于商业空间设计首先应该根据卖场的级别和商品的类型进行综合分区规划，然后再根据各区具体商品特征进行细部设计。而其中始终贯穿着个性化的主题设计。鲜明、独特是商业空间的设计思路，能够吸引人们聚集的空间场所才能引导出更大的商业利益。

大型商业空间一般具有比较综合的功能，往往集购物、休闲、娱乐、餐饮为一身。大型商业空间通常由比较明显的中庭空间作为交通枢纽，同时作为空间分区的重要连接部分。

图2-33

图2-32

图2-34

中小型商业空间销售的商品一般类型比较集中，空间个性化感受较强，很少具有餐饮和休闲等辅助功能。室内的商品陈列密度较大，设计以满足商品的销售为重点，交通空间也仅限于满足空间中的正常行走。另外由于总体的面积有限，一般不会设计室内景观和休闲区域。

图2-35 商业空间

图2-36

图2-37

餐饮空间也是人们生活中常常接触的室内空间类型。按照经营面积来分，可以把餐饮空间分成大型综合性餐饮空间、中型主题餐饮空间以及小型快餐服务空间三个类型。大型餐饮空间一般具有独立的建筑，同时涵盖若干个就餐单元，并且从空间的分配上也比较全面，其中包含宴会厅、大小包房、大小餐台的就餐区、景观区、休闲娱乐区等。而中型餐饮空间的功能主要是为人们提供各色菜肴并提供方便就餐者交流的空间，设计密度适中，具有一定的景观设计。小型餐厅一般以经营单一菜系为主，室内家具的陈列密度较大，比较偏重于饮食功能，空间中往往缺乏交谈休闲空间。

图2-38

图2-39

三、居住空间

　　居住空间是人们生活中最普遍的空间形式，是现代人生活的基础空间。现代居住空间从广义上分为公寓空间和别墅空间。其中公寓空间的形式比较简单，且总体面积有限，一般在人群聚集的城市中心地区比较常见。而别墅空间则受居住者的经济状态、工作模式的影响较大。

图2—40

图2—42

图2—41

图2-43

图2-44

四、其他空间

除了以上的空间类型之外，生活中还有一些
与生活息息相关的空间类型。例如办公空间、医
疗空间、学校空间、幼儿园空间、停车场空间、
健身空间、仓储空间、影剧院空间、酒店空间、
各类服务综合体空间等。

图2—47

图2—45

图2—48

图2—46

图2-49

图2-50

图2-51

第二章　室内空间形式

一、**本章重点** 》
1. 了解空间功能与空间形式之间的关系。
2. 了解空间形式的基本变化。

一、**学习目标** 》
通过学习具体的空间形式变化，掌握空间形式
要根据室内功能的要求而变化。

一、**建议学时** 》
12学时。

第三章　室内空间形式

第一节////平面空间形式

一、单纯的室内空间

在空间平面上，根据人习惯的行走方式，我们可以把平面上没有高差变化的空间称为平层空间。平层空间是最基础的空间形式。平层空间的优势是家具陈设布置不受空间地面条件约束，可以自由地进行摆放。在整体空间中，功能区域和交通区域的限定是依靠家具以及陈设的摆放位置来实现的。也就是说，随着家具和陈设的位置移动，可以灵活地变动空间功能。另外，由于地面没有任何高差变化，因此人的行走是十分随意的，这同时也意味着一定的安全感。大部分居住空间都采用这种空间形式。

空间的平面形式还需要考虑到空间的大小以及形状。对于大部分室内空间来讲，其形状多采用长方形，这是受空间使用功能以及人在空间中的行为习惯影响的。例如，教室一般都是采用长方形空间，有利于更好地避免眩光以及声音的传导等。而室内体育馆则是根据具体的运动项目来设计空间的大小以及形状。又例如幼儿园空间，由于考虑到幼儿活动的灵活性，空间会出现一些不规则形状，面积的变化也比较丰富。而最普遍的居住空间，则受到家具尺寸、使用习惯、窗户朝向等具体问题的影响，在形状上基本保持方形以及长方形空间。

通常情况下，长方形空间更适合没有高差变化的空间形式。正是由于长方形空间是人们最为熟悉的空间形状，因此人们处于长方形空间中会自然地产生放松以及安全的感受。在这样的空间中，人们进行的活动也是比较自由的，因此如果

图3-1

这样的空间中出现高差，往往会让人们觉得舒适度大大降低。相反，例如影剧院、展示空间等空间，由于其空间形状的特殊性，在高差上往往也会产生比较丰富的变化。其作用一方面是增加人们对空间的印象，另一方面也是使人们时刻保持一种紧张兴奋的状态，便于更好地传递信息。因此，在相对中规中矩的长方形空间中，比较适合没有任何高差的平层空间形式。

除了人们的习惯因素之外，还有一些空间在原则上必须采用长方形的平层空间形式。例如天象厅、手术室、仪表控制室等特殊空间，在设计时对于空间的形状以及高差要求是极为具体的，这是受到其具体的功能条件制约。

当然，也有一些空间的功能对于空间的形状和高差都没有具体严格的要求，例如健身房、画室等。这种情况下适当地增加室内空间的形状变化，使空间在视觉上更加灵活也是设计者的任务之一。

平层空间的另一个特点就是材质的统一性较好。在没有高差的空间中，地面的铺装更容易形成平整统一的效果。因为不涉及转折处施工工艺和坡度施工工艺，因此地面的设计和施工比较容易选用统一的材质，形成统一的效果。

在具体设计时可以根据具体空间效果来布置地面：在面积有限的情况之下，各个相互连通的功能空间采用同一材质进行地面铺装设计，会使空间面积看上去有扩张的感觉。这种手法一般在居住空间中常常被使用。一般来讲，居住空间的面积比较有限，使用统一的地面铺装不仅可以在视觉上扩大面积，也可以在入场清洁和管理上提供比较便捷的条件。相反，对于一些面积较大但功能复杂的空间来说，可以人为地通过改变地面材质的手段来进行区域的划分和交通暗示。例如，餐饮空间中的各个不同的就餐区域，为了增加室内的变化，可以通过改变空间界面的装饰特点来实现，地面设计的变化就是其中之一。

图3-2

图3-3

图3-4

二、室内外一体空间

根据建筑形式的不同，室内空间和室外空间有时可以结合起来创造更加丰富的视觉空间。在地理气候条件允许的前提下，会出现一部分室内空间延伸至室外，或者庭院空间延伸至室内的丰富建筑空间。这一类空间往往自然气息浓郁，比较适合具有一定个性化的居住环境以及部分公共场所。

图3-6

图3-5

图3-7

人们对自然的欣赏和追求是远远超过对室内空间的追求的。如果说室内是为了让人们生存而不得不选择的物质场所，那么户外空间就是人们与生俱来所追求的精神场所。自然能够带给人们的轻松和愉悦是其他物品不能替代的，因此人们自古以来就喜欢庭院。但是随着现代城市的发展，庭院已经成为大多数人遥不可及的奢侈品了，因此人们在有条件的情况下，把庭院因素引入室内空间，利用一部分开敞的空间把室内和室外融为一体是现代空间中常用的手段，这不仅可以改善室内的视觉效果，还可以调节室内的采光条件和湿度条件。

绿化不仅可以改善室内的空气状况，还可以在心理上给人以清新悠闲的感受，适合注重情调的空间设计。但需要注意的是，绿化的维护以及环境的综合管理，只有精心修整后的绿化环境才能给人舒适优雅的视觉感受。同时，室内外一体的空间在空

图3-8

间设计上始终都应该加强安全防护设计的概念，安全防护设施既不能缺乏又不宜太过明显，因此在建筑环境的结合设计中更应引入适当的安全防护系统和设施。正是因为空间的不完全封闭性，在设计中应更注重功能设计与视觉设计的综合效果。

第二节//////立体空间形式

一、垂直多层空间

在多层室内空间中，楼梯往往是连接各层空间的重要建筑构件。各层空间虽然同属一个整体空间，但是功能、结构、视觉感受都不尽相同。从功能上讲，一个整体空间划分成若干层空间，各层空间就具有一定的功能区分作用，并且具有一定的人员分流作用。各层空间既保持整体性又相互独立，既可以参与集体的交流又可以保留独立的隐私空间。

图3-10

室内设计中的楼梯不仅仅是连接多层空间的建筑构件，更是室内设计中重要的功能和视觉组成部分。甚至楼梯本身就是一种特殊的空间，除了满足基本的交通功能之外还可以作为家具和陈设的一部分，并具有一定的装饰作用。除此之外，楼梯空间还可以作为辅助室内视觉设计的手段，起到分隔空间的作用。利用楼梯与墙面的结合、楼梯与家具的结合等，可以创造出无比巧妙的视觉空间。

图3-9

图3—11

图3—13

图3—14

当然，楼梯空间的利用是多变的，甚至可以与室内的家具设计融为一体，使楼梯空间不再是单一的交通构件。除此之外，楼梯的尺度也是可以根据室内空间的整体效果进行变化的，在不同层高的空间中，楼梯的角度与尺度需求是不同的。一般多层之间的连接楼梯踏步比较规律，尺度基本参照室内设计规范来进行设计，而半层空间的连接楼梯形象变化比较丰富，尺度也可以根据具体的环境灵活变化。

图3—12

二、下沉空间

下沉空间是指室内空间的一部分地面与所在室内空间的整体地面相比略低一些，在空间立面上形成较小的高差。这种高差之间的衔接方式一般是由一至三个踏步来构成，也有一些个别空间的高差是直接依靠坡度来连接。

下沉空间在视觉上使空间富有变化。与平层空间相比较，下沉空间由于陈设的高度发生变化，因此从视觉上给人的感受就会有别于日常见到的平层空间，同时下沉空间也会增加空间的趣味性，而空间的趣味性也会使空间在视觉上产生变化，从而可以使人感受空间的气氛更加活跃。

下沉空间在空间界定上更加明确。与平层空间相比较，下沉空间的交通限定是更为直接的。平层空间的使用功能和交通功能往往是依靠家具、陈设的摆放来界定的，而下沉空间由于在地面上有很明显的高差变化，而高差本身就是限定人的行为的重要手段，因而交通空间的限定是更加明确的。

在设计实践中，我们往往根据下沉空间高差变化可以强化空间区域划分的这一特征来实现空间的区域性界定。尤其在空间需要进行明确划分的设计中。例如公共场所设计中，常会出现下沉空间或者上升空间。这种手法不仅使空间本身富于变化，更能够使空间的区域性强化出来。其优点是在服务上便于管理，在视觉上富于变化。我们以餐厅设计为例来说明这一问题。一般情况下，餐饮空间从功能上讲应该根据不同的就餐群体进行基本的区域划分，最常见的有多人座位区、四人座位区、双人座位区。这些区域除了家具的尺寸、形象不同之外，在空间设计上也需要富于变化，而地面的下沉则有助于在空间上进行区域的划分，再结合其他空间划分手段，可以使空间无论是从功能上还是从视觉形象上都更富有韵味。

图3-16

下沉空间有时也会直接以坡度的形式呈现出来。与踏步连接方式不同之处在于：坡度在行走中受到的约束更小，安全性也更高。当然，坡度连接下沉空间的约束条件，就是下沉的高差不宜过大，坡度设计也应该十分徐缓。

下面是一个幼儿园空间的例子。设计师在儿童游戏区设计了一个下沉空间作为儿童嬉戏的水池，既达到了区域划分的功能，又合理地解决了安全问题，最终形成了这样的空间效果。

图3-15

图3—17

图3—18

总之，下沉空间的具体尺度和连接方式，应该根据使用者的具体需求和空间整体条件综合而定，同时结合空间的家具和陈设以及最终形成的视觉效果综合进行设计。

图3—19

图3—20

三、上升空间

上升空间和下沉空间都是相对而言的。以室内整体的基础高度为基准，一部分升起的空间我们称之为上升空间。上升空间也会根据地面抬起的高度不同而形成丰富的视觉效果。一般分为不需要踏步连接的上升空间，也惯称矮地台，以及由一至三个踏步连接的上升空间，惯称为高地台空间。上升空间只限于局部地面使用，而且抬起的部分在施工工艺设计中往往要优先考虑安全设计。

图3—21

图3-22

图3-23

上升空间和下沉空间本身是相对而言的，有时在一个空间中出现高差变化，从一种角度上看某一区域下沉了，而从另一个角度上看，同一个区域也可以被界定为上升。因此上升空间与下沉空间一样，在视觉上、功能上、行为约束上的作用是一致的。

上升空间为了突出地面行走安全以及突出变化痕迹，有时在地面设计中会有意采用不同的材质、不同的色彩进行更加明确的区分。这种做法一般在比较开敞的空间中经常使用，其优势是可以增加室内的区域感，同时功能性也更加明确。在公共场所地面材质的变化还会提升空间的形象，使设计感增强。

图3-24

第三节//////交错空间

交错空间是指整体空间中高度变化比较丰富且不规律的空间，一般由两层或多层空间组合而成。由于空间变化十分丰富，因此形成的视觉感受是非常复杂的，同时空间活跃，趣味性十足。

图3-25

图3-26

图3-27

图3-28

第四章 室内空间组合

本章重点 》
1. 了解空间组合的方式。
2. 了解空间组合的变化。

学习目标 》
通过改变建筑空间的组合方式而有目的地组织
空间，使空间的功能更加合理，同时提升视觉
效果。

建议学时 》
12学时。

第四章　室内空间组合

第一节////基本组合方式

一、相邻

　　相邻是两个空间直接连通。人们从一个功能空间进入另一个功能空间不会产生强烈的分割感。这是空间衔接与过渡中最基本的方法。但是这种连接空间的方式会使人们对空间的变化印象淡薄，因此空间设计中应该根据空间的属性和用途来具体分析：如果追求空间的整体性，可以利用直接连通的优势增强空间的整体感，如果追求空间的界限可以利用材质的变化来分割空间，增加空间变化。

图4—2

图4—1

对于直接相邻的两个空间，在追求整体感的同时，若要强调在功能上的不同，可以利用空间界面设计的手段来体现。天花造型的变化可以从视觉上体现两个空间的变化，如果天花设计中结合灯光照明的对比关系，那么空间的变化就会更加明显。这虽然不是明显地割裂空间，但是从视觉上有助于人们辨识空间的区域性。地面材质的变化也可以在相邻空间中起到一定的区域划分作用，在同一高差的地面上采用材质不同、色彩不同的地面铺装方式会时刻提醒人们空间的变化，这种依靠地面铺装来界定空间的手段不仅在空间界定上能够起到直接的作用，而且在空间整体的视觉氛围上也有良好的帮助。地面的变化可以使空间更加活跃，同时对交通流线的设计也会起到有益的作用。

相邻空间也可以通过家具的摆放关系来对人们进行心理暗示，提示人们两个功能空间的差异。室内家具和陈设的摆放也要讲求疏密关系，一方面要根据具体的使用功能和使用者的个人习惯来进行摆放和布置，另一方面也要根据视觉效果来确定摆放的位置，家具之间的距离，整体室内家具的疏密布局。除此之外，还要根据空间的大小以及形状具体分析大型家具和小型陈设的关系、数量。这些都会间接影响到对空间的界定和功能区域划分。

图4-3

图4-4

二、穿插

穿插关系是指两个空间既没有隔墙或者围墙等直接分割开来，又不像相邻空间一样直接连通。两个空间的关系是既独立又有衔接，而衔接的具体方式是只有很小一部分空间有交叉甚至共享。具有交叉和共享的这一部分空间往往是交通空间或者休息空间，这种交叉空间起到的作用是提醒人们空间相互转换。这种空间形式一般出现在影剧院、展示空间、图书馆、商场等大型综合室内空间中。

同时，两个空间在分隔的时候，由于没有实际的围墙将两个空间完全隔绝，而是有一部分相互连通，两个空间中的景物以及陈设就可以相互呼应。中国古典园林中就有"借景"的手法，实际就是空间的穿插与渗透，这无疑使人们的视线超越有限的屏障，可以将空间连贯起来感受，这种灵活的穿插和渗透可以使人们对空间的感受更加整体。例如美术馆、商业空间、娱乐空间等都常常采用这种空间分割的手段。

图4—6

图4—5

图4—7

三、包含

包含是指一个大空间中含有若干个小空间。这些小空间完全独立，具有各自的功能和特色，但是在空间设计中需要以整体空间的约束条件作为具体设计的限制条件。例如大型商场中各个独立的专营店、专卖柜台等，它们具有各自的设计特点，也具有各自不同的销售面积，在形象设计和灯光设计上都完全独立，但是在层高和柱间距的确定上却必须遵循商场总体空间的规定，甚至包括消防设施的位置、消防通道的规划等，都不能随意更改，必须要与整体空间保持一致。

图4-9

图4-8

包含关系从根本上限制了小空间设计，需要依附于整体空间。由于建筑尺度不同，空间的面积和使用情况也各不相同。一个大空间，可以包含的小空间数量并不固定，可以是一个也可以是多个。小空间在设计时只能够对其自身围合的区域进行设计变更，不能逾越范围。

这种关系的空间一般都是大型空间，而且空间功能主次分明。

图4-12

图4-10

图4-11

四、过渡

过渡空间是建筑的辅助空间，它的功能主要是空间在平面和立面上的连接。例如电梯厅、走廊、等候区，一般都是建筑各个空间的交通枢纽。人们通过过渡空间去往各个不同的功能空间。因此，过渡空间的面积一般都不大，设计重点在于视觉形象设计，色彩一般比较柔和。

图4-13

在展示空间、电影院一类的空间中，为了突出主体功能空间的视觉震撼力，往往将展示入口接待区、电影院前厅之类的过渡空间设计得平淡一些，无论是灯光还是色彩都趋于平缓柔和，以便于人们正式步入主厅时利用空间形象或光线的突然变化而产生强烈的视觉震撼力。因此过渡空间的设计不仅仅要考虑交通流线设计，满足疏散尺度，还要根据衔接的空间特点具体分析空间的设计精度、视觉效果的程度等。

图4—14

图4—15

五、叠加

　　叠加空间是在限定的面积上利用上部空间再创造出一部分空间。这种空间方式适合举架较高的建筑空间，只有能够满足建立双层空间的建筑才能满足叠加空间的需求。一般在展示空间中常见这类空间模式。展示空间布局一般比较紧密，为了在有限的面积上实现更多的展示目的，设计者往往会利用上部空间再创造出一部分空间，两层空间用楼梯相连。其中一层作为主要展示空间，另一层作为洽谈区或资料展示区，既保证了展品的展示，又能够利用双层空间实现动与静的区域分离。另外在具有一定商业目的空间中也常见到这种空间，其目的是实现更多的商业利益。

　　当然叠加空间要根据建筑的原始条件进行设计，同时连接两层空间的楼梯也需要根据场地条件具体设计，由于叠加空间是临时搭建的，因此用电设计也需要进行隐蔽设计。

图4—16

第二节 ///// 空间组合形态

一、中心式组合

一般来说，在大型室内空间中的各个空间在功能和特点上会有一部分联系，空间与空间之间的联系会影响到整个建筑空间的布局。在组织空间时应该综合、全面地考虑各个空间之间的功能联系，并把所有空间都安排在比较合理的位置上，使之各得其所，这样才能称其具有合理的布局。

因此空间组合方式就是大型空间基础的设计项目。在综合型空间中最常见的组合方式就是中心式组合。其特点是空间中有大型的雕塑或景观，这不仅是空间的视觉中心，还是确定空间方位的标志性物体。在室内空间中人们不能清晰地判断正确的方向，人们习惯根据空间中的标志性

物体来界定室内空间的方向。例如人们会将自己所在的具体位置称作室内喷泉前面、中心雕塑前面等。而这个大型的物体就是人们界定空间最基础的参照物。

不仅如此，中心景物还会成为人群分流的重要交通枢纽，通过这个枢纽可以把人群分散到各个空间中，也会把各个空间中的人群汇集到这里，因此这个大型景观体便十分自然地成为整个建筑物的交通枢纽中心。

一般这个建筑的中心都是由大型的景观或雕塑组成。其特点是尺度巨大，十分醒目，另外设计富有个性，能够代表建筑空间的级别与个性。常见的形式有雕塑、喷泉水池、绿化景观等。

另外，在这个中心景物周围会有一个相对于其他空间比较开敞的广厅。这个广厅可以连接各个空间，既是疏散中心，又是聚集中心。

图4—17

图4-19

图4-18

图4-20

二、线型组合

这种空间一般由一条狭长的走廊来连接空间中的各个角落，空间中的物品也都是在这条走廊两侧布置，因此这种空间组合方式也称为走廊式组合。由于空间有大有小，因此走廊也有长有短。这种空间的布局一般比较简单，疏密关系也比较均匀，因此参观的序列也比较单一。

这种单一的手段在商业空间中比较常见。其目的是为了突出空间的整体性以及商业品牌的自身特点。某些品牌的商业产品，产品种类十分集中，风格十分固定，形象特点十分统一。有时为了彰显品牌的自身特点故意将空间以及陈列手段做成"平铺直叙"的状态，这也是为了迎合商业需要，突出产品自身的特点。

线型布局虽然单一，但是在商业空间、图书馆、美术馆空间中却常常被应用。正是由于这种陈列手段的"索然无味"，一旦采用突然变换陈列形象的手段往往能够产生极为强烈的视觉震撼力。例如，在规矩排列的陈设中突然加入一个尺度巨大或形象特殊的物体，那么这个物体就会成

为人们的视觉中心，从而形成新的序列。这也就是"突变"在"平铺直叙"中的中心作用。

图4-21

图4-22

三、自由式组合

自由式组合的前提是建筑空间形态比较复杂，没有固定的围墙和围隔，也没有明显的主体景观，各个功能空间没有明显的大小之分，布局比较灵活。各个功能区域也没有明显的区分。这类空间比较适合气氛活跃的场所，例如娱乐厅空间设计、游乐场空间设计、展示空间设计等。

图4-23　自由式组合

第三节/////过渡空间的处理

一、直接过渡

两个空间以比较简单的方式直接相连，可以看作是直接过渡。对于室内效果要求不高的空间可以采用直接过渡的方式。例如大型美术馆的书画展空间，每一个展厅之间尽量保持连贯的参观动线和连贯的体验，因此空间过渡并不需要十分明显。而且有时为了突出书画展品的魅力，空间的印象需要淡化处理，此时空间的过渡也应随之淡化处理，使人们从一个空间走入下一个空间时并没有深刻的印象，在不知不觉中完成空间的过渡。

图4-24

图4—25

虽然直接过渡在空间序列上十分单一，空间也没有曲折的变化，但是某些特定空间需要采用这种手法淡化人们对空间的印象，而把注意力全部放在空间的功能上。例如医疗空间设计中往往淡化空间形象以及各种空间变化，整体空间尽量淡化处理，使人们的精力能够有效地放在实际功能上。又例如某些展示空间，为了保持思维的连贯性，个别空间在连接时需要淡化空间过渡的效果，使人们在不知不觉中完成空间的转换并且始终保持同一种心情状态。因此空间在过渡时究竟是强化还是淡化最终要根据空间的实际功能来设计。

二、对比过渡

空间的对比可以使人明显感受到前后空间的差异，比较适合需要引起人们注意或者强调空间特色的时候使用。例如展示空间中有意在大型展厅的入口处设计一个光线幽暗、面积狭小的空间，使人们从这个既昏暗又狭小的空间中通过后，突然眼前一亮，产生柳暗花明又一村的惊叹。两个空间的面积、形象、照明、色彩等因素差异越大，这种空间的对比也就越强烈，其结果是人们会对两个空间都留有深刻印象。利用体量的悬殊对比增加空间的特色早在古典园林造园手法中就已经出现了，人们常说的"欲扬先抑"实际上就是借空间的大小强烈对比实现小中见大的效果。

另外空间的开敞与封闭之间的对比，也能够使人产生心情的转换。从一个封闭的光线比较暗淡的空间中进入一个开敞明亮的空间中，空间光线、色彩、形象都会发生很大的变化，自然会带给人们豁然开朗的心理感受。

　　还有不同形状的空间对比。虽然不及前两种对比效果带给人们的震撼强烈，但是这种空间变化还是会给人留下比较深刻的印象。尤其空间形状的改变往往和空间功能有一定的关联，这样就会帮助人们对空间建立起完整的形象感受。

图4—28

图4—26

图4—27

图4—29

图4—30

三、序列过渡

与绘画、雕塑不同。空间作为综合性三维实体，人们不可能一眼就看到它的全部，而只有随着运动的连续过程，从一个空间走到另一个空间，才能逐一地认识它的各个部分，从而形成对它的整体印象。由于运动是一个持续的过程，因此逐一展现出来的空间变化也会在人们的脑海中保持着连续的关系。因此人们认识空间的时候会同时存在两个因素：空间变化因素与时间变化因素。而序列设计就是将这二者有机地统一起来，使人们不仅在静止的时候可以观赏空间，在运动时也能观赏空间，并且在整个序列的引导下对空间形成综合的印象。

图4—31

组织空间序列，首先应使人沿着主要路线形成对空间的印象，同时也应兼顾空间中其他次要路线形成的对空间形象的辅助作用。也就是说，能代表空间形象的设计应沿着主要路线进行布置，而次要路线周围应布置其他辅助空间形象的物品。同时还要根据空间特点设计中心想象。

具体的序列设计还要根据室内空间的功能和布局来设置。

图4—32

在建筑结构和空间形象都比较复杂的综合性的空间中，各个空间需要按照一定的序列进行设计，形成主体空间、重点空间、过渡空间、辅助空间等不同级别的空间。各个空间之间的关系也应该疏密有致。同时考虑人在空间中的运动轨迹，有行进空间，也有停留空间、思考空间、休息空间。这一动一静、一张一弛，就构成了空间的总体序列。在整体空间序列中用把各类空间合理地穿插开来，切忌平铺直叙。

尤其是展示空间、图书馆、美术馆、博物馆类型的空间中，序列设计显得尤为重要，它可以让人们对空间产生比较强烈的印象，进而促进人们对空间主题的认识。

图4—33

图4-34

四、缓冲过渡

　　某些建筑空间，由于建筑结构和空间总体设计的限制，需要一些并没有实际用途的场所，这时就需要设计一个缓冲空间进行空间的过渡。这样既不会浪费空间，又能使空间序列更加丰富。也有一些建筑，由于建筑构件的设计形成一些缝隙空间，我们也可以利用这一部分结构空间做一个空间的装饰，使空间增添一些艺术气息。当然这些空间的设计要符合相邻空间的效果，不能生硬地插入一个空间，使空间序列断裂。一般的公

共建筑，特别是大型公共建筑，这类的空间会有许多，我们也可以巧妙地把它设计成辅助空间，例如清洁间、卫生间、观光室等，不仅能够有效地填充过渡空间，还可以起到完善空间功能的作用。

　　具体来说，两个大空间如果简单衔接，会使人感觉空间十分单薄或突然，人们从一个空间进入另一个空间时的印象会十分淡薄。如果在两个大空间中插入一个过渡空间，它就能像音乐中的休止符一样使空间具有抑扬顿挫的节奏感。

　　对于过渡空间本身没有具体功能要求，它可以小一些，甚至低一些暗一些，这样可以充分发

挥它在空间处理上的作用。使人们经历从一个大空间到小空间再到大空间的过程，并通过这个过程中的变化感受对空间留有深刻的印象。过渡型空间的设计不能生硬，在大多数情况下应当利用辅助性房间或者辅助性空间来巧妙地把它们穿插进去，例如楼梯、建筑间隙，走廊等。这样不仅能节省建筑空间，还能有效地保持主要空间的完整性。

另外从建筑结构上讲，公共空间中往往在柱网的排列上需要保留适当的间隙来做沉降缝或者伸缩缝，巧妙地利用这一部分空间设置过渡空间，可以使结构体系段落更加分明。

过渡性空间的设置需要根据空间的具体情况来分析，并不是说衔接两个大型空间都必须设置过渡空间，那样不仅会造成空间浪费，还会使人感到烦琐或者不自然。在缺乏建筑条件的空间中也可以适当降低一部分空间的举架来实现过渡的作用。总之过渡空间的目的是调节空间的序列，因此要根据具体空间的序列来设置过渡空间。例如展示空间，由于空间变化要求较高，空间节奏丰富，序列设计比较复杂，因此过渡空间的设计就显得尤为重要，除了上述的建筑条件允许的情况之外，在整体空间中也会根据具体展示内容人为地设计过渡空间，使人们产生一明一暗、一大一小、一高一低的心理感受，从而实现展示的目的。

图4—35

图4-36

图4-37

图4-38

第五章 室内空间的界面处理

本章重点》
1. 了解构成室内空间的界面。
2. 了解空间界面之间的关系。

学习目标》
通过对空间中地面、天花、墙面的具体设计，来完成整体空间形象的建立。同时根据空间主题将各界面统一处理，强化空间个性特征。

建议学时》
24学时。

第五章　室内空间的界面处理

第一节 //// 室内空间造型的基本原则

一、功能优先的原则

在室内设计中首先要遵循功能优先的原则。设计以人为本，首先要考虑人的使用需求，整体的设计和尺度的把握都要符合人的使用习惯和尺度。在住宅空间中要考虑人的舒适度和生活基本需求。在公共空间中要重点研究人们对空间的功能需求和人们在公共空间中的基本舒适度。只有满足基本的功能需求，才能进一步考虑美观的问题。

二、符合审美的原则

人对于美感的认识大部分来源于视觉，还有一部分来源于听觉、嗅觉和触觉。这些感官共同作用使人产生美感并感受到愉悦。这也就是美感的产生过程。而人们感受到美和愉悦的根源是十分复杂的，其中包括艺术品自身的通用美感和人们自身情感共鸣产生的美感。举例来说，一个精彩的空间本身可能会使大部分人感到舒适和愉悦，这就是空间设计的合理性以及美感造成的，这种美感会使大部分人感到愉悦。另外一个空间如果可以引起人们的回忆或者情感共鸣，那么这个空间本身的布局和陈设也许就变得并非那么重要，这时空间的美感则纯粹是由人本身的情感支配而产生的。因此，审美除了要符合基本的空间设计法则，还要充分了解使用者的心理需求。

三、尺度安全的原则

室内空间基本上是由顶棚、墙面、地面组合而成，其中不同的空间面积、围合方式以及建筑构件各不相同。室内空间设计中十分重要的环节就是要知道空间的基本功能，并据此设计建筑空间的基本围合方式，并进行合理的建筑构件尺寸设计。举例来说，空间中的门是最常见的建筑构件，关于门的尺度和形式设计要符合空间的基本功能，并具有合理的尺度。一方面其形式和尺度要适合使用需求，另一方面还要满足形式上的美感，当然在公共空间中还要满足消防和疏散的尺度要求。由此可见，空间设计中的建筑构件不仅仅要从日常的使用和维护角度去进行设计，同时还要考虑到空间的性质和安全设计的需求。

四、选材适度的原则

室内空间设计中涉及的材料有很多种，其中基本上可以分为三个类型，第一个类型是硬性装修材料，其中最常见的有水泥、石材、木材、陶瓷、石膏等。第二个类型是软质装饰材料，其中比较常见的是针织品、皮革、纸类装饰材料。第三个类型是工艺类装饰陈设品，一般是指适合放在室内的小型物品，主要在空间设计中起装饰作用。

具体来说，室内的基础装修使用硬性材料的情况比较多。

水泥砂浆一般在住宅型空间中常用于地面的基础找平和墙面的基础造型中。在公共建筑中的生活用房、辅助用房、仓库用房等也可以直接裸露用作地面。

现浇水磨石有易清洗、防滑性较好、色彩易调节等优点，一般在公共空间中被广泛使用，尤其是需要经常维护清洁的场所。

石材具有耐久性良好、易清洁、纹理清晰等特点，在室内空间中常常被用于室内装饰要求较高的场所。公共空间中的地面、墙面更是常常会使用大量的石材来进行表面的装饰。

陶瓷制品的特点是耐久、耐磨性好,常常在室内用作地面材质。它具有施工方便的特点,防水性好,适用于住宅空间中的地面以及公共空间中的辅助性用房。

黏土制品在室内空间中最常见的就是青砖和红砖,适合复古的室内效果和特殊艺术效果,一般在具有特色的小型公共空间中比较常用,例如酒吧、餐饮空间、娱乐空间以及店面设计中。

金属制品的类型也是十分广泛的,其中铝制品和钢制品作为室内空间装饰材料被广泛应用。例如住宅空间中的厨房、卫生间的吊顶,一般会采用铝合金的材质。而钢制品则常用于大型公共空间中,例如酒店大堂、办公楼、企业会客厅的空间中。

木材由于纹理清晰、色彩柔和、造型方便、材料性质温和、易于人工加工等优点,在室内设计中一直被广泛使用,无论是顶棚的造型,还是地面铺装都一直被大量使用,尤其在住宅空间中,更是室内设计的首选材料。木材加工工艺的多样和便捷性使其常常被用于制作各种室内造型。

玻璃类材料弹性较差,但透光性较好。在空间比较开敞的情况下可以大量使用,在小型室内空间中可以局部适用。它作为空间的顶棚使用的时候往往具有一定的采光功能,作为墙面使用的时候可以起到视觉通透的效果,而作为地面使用的时候往往给人以新奇的感觉,有较强的装饰性作用。

五、切合主题的原则

由于室内空间是多种多样的,每一个空间除了功能不同之外,所展现出来的个性也不同,因此设计者应该根据空间的特色和主题进行总体设计,在造型上应该考虑符合空间主题。例如餐饮空间中,除了基本的尺度和材料之外还要考虑空间特色,良好的造型搭配使用可以适当突出空间视觉效果,起到烘托主题的作用。

第二节/////室内界面的艺术处理

一、地面

地面在室内空间中占据的面积较大,跟人的关系密切,人走进室内空间首先是和地面接触,所以地面形象的突出与否,对环境空间的营造和人对空间的整体感受都至关重要。室内空间中的地面一般会选用石材、木材、金属、地毯等地面材料,相互交叉组合。如果是面积较大的公共空间则会通过改变地面材质和色彩强化区域性的变化。

图5-1

图5-2

图5-3

图5-4

图5-5

气口等必要设施的位置，还要兼顾照明设计，因此设计难度较大。在某些特殊要求的空间中还要考虑特殊造型的变化。

由于天花所在的位置是人们日常触碰不到的，因此造型的变化可以十分夸张。有时还会结合墙面造型或者柱子的造型将室内空间的整体性提升到极致。在满足基本的照度和消防要求之外，天花造型可以是室内最丰富的设计。

二、天花

天花设计根据空间性质的不同，其装饰的程度也不同。一般来讲，居住空间的天花设计比较简单，因为不涉及消防设施，在造型上没有任何约束，加之居住空间本身也不宜过于复杂，因此居住空间的天花设计比较朴素。公共场所一般在设计上受到消防规范的约束，在设计时要充分考虑烟雾感应器、自动喷淋灭火装置、空调口、换

图5-6

天花的材质也是十分丰富的，尤其随着材料
与技术的不断发展，可塑性天花越来越受到设计
师的青睐。

图5-7

图5-9

图5-8

图5-10

　　天花除了本身的造型之外，还可以通过垂吊饰品营造空间氛围。这种方式可以比较灵活地变换空间的形象，在不改变空间固定装饰的前提下，将垂吊物更换一新就可以营造出新的空间形象。

图5-11

图5-12

三、墙面

墙面作为建筑的一个部分不能孤立地考虑，其造型也不是随意设立的，最终还是要根据空间的主题和功能来进行整体设计。

墙面的处理最基本的就是改变肌理。肌理问题似乎在所有的室内空间设计中都会遇到。肌理也几乎是处理任何空间界面的基本手法之一。大部分的设计师都精于此道，因此肌理被称为最容易的空间界面处理手段，这其中包括肌理自身的变化，材质的改变带来的肌理的变化，以及肌理和色彩、照明结合起来产生的视觉变化。

关键问题是肌理如何营造。

我们都知道，利用涂料、更改材质、变化墙面形象都是应用在肌理的基本手法，当然如果材质自身的肌理已经很明显了，再加上墙面形象的改变就会创造出意想不到的视觉效果。肌理有时候和造型密不可分，不仅仅是单一材质那么简单，更多时候不同材质、不同色彩的配合能够创造出更丰富的立面效果。

当然，任何形式的创造都要由相应的场合气氛来决定。

如果说肌理是处理空间里面的基本手法，那么造型就是高级手法。之所以说它高级，是因为造型的建立要受更多条件的制约。例如空间的性质（住宅、商务、娱乐、服务）以及使用者的喜好（个性、群体需求），同时它还要受到色彩、光线等方面的影响。

造型，有时可以很大胆。

造型几乎可以决定空间性质。灵动的造型往往适合年轻人，整体的造型往往适合中年人，欢愉的造型往往适合娱乐空间，而形象分明的普通造型一般出现在大众聚集的公共场所。

造型的成败，并非取决于造型设计本身，而是取决于是否适应。

适应，也就是恰当的。

恰当的造型，为恰当的空间设计。恰当的空间为钟情于它的使用者。所谓成功的设计，莫过于此。

图5-13

图5-14

图5-15

图5-16

图5-18

图5-17

四、隔断

隔断是分割室内空间的装饰构件（指不动体隔断），它能分割空间、代替墙体，具有半通透实用功能及室内装饰的艺术效果等作用。现代室内设计中的隔断不仅仅是划分空间区域的手段，更多时候它是空间形象的重要组成部分，隔断的形象甚至对空间形象起到了决定性作用。

隔断根据视觉的通透程度可以分为全通透式、半通透式、非通透。由玻璃制成的隔断一般是通透的，优点是不影响采光，视线通透。而半通透式隔断的材质十分丰富，一般是依靠造型中间留有空隙来实现局部的透视效果，视线半遮半掩。而非通透式则一般采用不透光的实体材料，具体遮掩的程度要根据具体空间的情况具体分析。

图5-20

图5-19

图5—21

图5—22

　　隔断除了使用硬性材质之外还可以使用绿化和织物等特殊材质，结合空间造型共同营造室内气氛。这里需要注意的是绿化是有生命的，需要日常的维护和修整，因此在室内大面积使用绿化作为装饰时，要考虑室内的空间条件，尤其是采光、通风、清洁以及浇灌条件等，同时还要考虑地域的条件和气候变化条件。只有良好的绿化效果才能为室内设计增添光彩。

图5—23

图5-24

第三节////室内空间的主题特色

一、建筑主题约束

建筑主题也就是我们常说的建筑的个性。建筑的个性就是其性格特征的表现，它根植于建筑的功能，但又不完全是为了解决功能问题而存在的，它代表了设计者的艺术意图。如果说建筑的功能是客观的，那么艺术意图就是主观的，为建筑添加独特的个性。

建筑如是，室内空间亦如是。建筑空间之所以丰富，正是因为每一个建筑空间都有它独特的艺术意图，每一个空间都有别于其他空间，每一个空间都有它独特的主题与个性。

空间的主题来源于以下两个方面。

一方面，空间的主题是空间功能的体现。例如，一个医疗空间必须具备适合进行医疗活动的场地以及适合医疗活动的空间分割，还有它需要具备适合医疗活动的流线设计以及适合医疗活动的家具陈设。也就是说，建筑空间的功能是医疗，那么空间从整体规划带细部陈设都应该围绕医疗这一功能来进行。但同时，在满足医疗功能的前提下，设计师还会把个人的设计意识和审美意识融合进去，这在材质的选择、造型的体现、照明设计和家居设计中都会有所体现。因此即使同是医疗空间，各个空间的特点和形象也都不同，也会具有鲜明的个性。因此我们说：功能是设计前提，功能也是设计约束，但功能不是设计的全部。

另一方面，从建筑功能角度出发遵循规律。例如教堂建筑，往往具有比较高耸的空间或者比较开敞的空间，而影院空间一般光线会比较昏暗，歌剧院空间由于注重声音效果，墙面设计会比较曲折。这些都是建筑功能本身对建筑形象和性格的约束，也是建筑和空间性格的基础。室内设计应该在充分尊重这些设计基础之上融入形式美感和艺术意图。

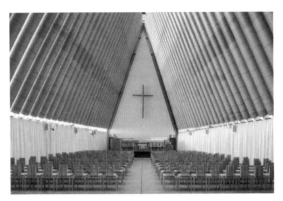

图5-28

二、使用功能前提

任何室内空间都具有一定的使用功能，而室内设计往往是空间使用功能的自然流露，因此只要实事求是地按照其功能来赋予空间合理的流线设计与布置，那么空间设计本身就可以说是成功的。

一个空间中的流线设计首先要符合使用功能，一个空间中的家具与陈设的摆放首先也要符合使用功能，这样一来，空间设计的雏形就已经确立了，而且可以代表一个空间设计的合理与否。

功能的体现是一个空间设计成败的基本评价标准，虽然历史上也出现了类似早期包豪斯学派的形式高于一切的形式主义主张，但是人们经过无数实践的探讨和淘汰最终还是回归到功能与实用中来，而且最终确立了功能优先的设计原则。

图5-25

图5-26

图5-27

图5-29

图5-30

图5-31

第四节 //// 综合界面的和谐

一、综合空间界面

室内空间的墙面、地面、天花共同围合而成一个整体形象，这个整体形象代表着一个建筑的形象、一个空间的功能和设计师的审美意向。一个空间无论其形体怎样复杂，都不外乎是由一些基本几何形体构成，只有在功能和结构合理的基础上，使这些要素能够巧妙地结合成为一个有机的整体，才能具有完整统一的效果。

完整统一的空间在体量组合上首先要建立起一种秩序感。我们知道体量是空间的反映，而空间主要是通过平面来实现的。要保证空间中的体

图5-32

量关系良好，首先必须是平面布局具有良好的条理性和秩序感。传统的构图理论，十分重视主从关系的处理，并认为一个完整的整体，首先意味着空间中的各个要素应该主次分明。空间只有主体突出才会建立强烈的秩序感，继而才会形成特有的空间特色。

明确主从关系之后，还必须使主从关系之间建立良好的连接，也就是在复杂的空间中，各个要素间巧妙地连接会直接影响空间的功能。我们常说空间中的各个要素有机地 结合就是这个道理。

图5-35

图5-33

图5-34

二、和谐的视觉享受

和谐的空间气氛，就需要遵循美的法则来构思设想，再把它变为现实。那么在室内设计中究竟有没有美的法则可以遵循呢？这本来是一个毋庸置疑的问题，但是在实践中人们还是不可避免地对这一问题存在种种质疑。这一方面固然是由于美学本身就是一个抽象的概念，并且有着自身的复杂性。另一方面，更为主要的是把形式美的规律与人们的审美差异、文化差异混为一谈的结果。美的法则带有一定的普遍性和永恒性，然而人们的审美观念和喜好确实随着人们生存的国家、民族、地域以及人们生活的社会环境而不断变化的。因此不同的形式美以及不同的艺术形式都会由于人们审美的差异而千差万别。

图5—36

图5—37

图5—38

第六章 室内陈设设计

本章重点 》
1. 学习陈设的种类。
2. 了解室内陈设设计的原则。

学习目标 》
通过学习具体的陈设设计技巧，掌握陈设在室内设计中的重要意义，并通过细节装饰，提升室内空间的视觉统一性。

建议学时 》
12学时。

第六章 室内陈设设计

第一节////室内基础陈设

陈设是室内设计的一部分，首先它可以美化环境，营造视觉享受。试想一个空间内如果只有生硬的墙壁，岂不是毫无生趣。

美化空间除了视觉上的舒适美观之外，还

图6—1

有助于提升空间的整体形象，使空间气质符合某种文化特征。文化与品位，总是让人们心驰神往的，营造一个具有浓郁文化氛围的空间也是所有设计者应该追求的目标。商业空间中，文化气息能够提升空间品位，是成熟优雅的象征；住宅空间中文化气息能够体现主人的文化修养与个性喜好，更是人们纷纷追求的气氛与效果；娱乐空间中，陈设更是必不可少的，它不仅能突出空间的主题，更能营造合适的气氛；即便是在公共服务领域的空间中，例如医疗机构、银行机构等空间，陈设也可以调节空间气氛，给人带来最大的舒适感和亲切感。因此，陈设本身就是空间设计中十分重要的一个组成部分。

文化的体现不仅仅从造型上要求遵循一定的规律，更为重要的是从空间的整体上充分考虑兼

图6—2

顾设计。大到造型，小到装饰，都属于空间陈设设计的范畴。

陈设设计还可以改变或提高空间的功能性。陈设设计不仅仅是为了视觉上的美观和舒适，更多时候还是为了实现空间功能，例如隔断。在商业空间和居住空间中，隔断都是十分常见的分隔空间的手段，但关键在于如何使隔断融入整个空间中去，使之看上去与空间气氛融为一体。

陈设设计就是一种方式。

一、陈设设计艺术

从表面文字的意思来看，室内陈设艺术设计与"室内装饰""室内装潢""室内布置""室内摆设"等皆是同一实质的不同名词概念，彼此之间并没有总体上的差异。但从严格的本质含义来说，这些名词各有不同的内涵和目的，笼统地混为一谈必将造成概念混淆和认识模糊。

我们这里讲的室内陈设艺术设计，是从室内设计中派生出来的，可以独立门户的一门学科。目前中央工艺美术学院将室内设计扩充为室内外环境设计，因此室内陈设艺术设计也可以看作是环境设计的一个组成部分。如果说第一环境是大自然，第二环境是建筑物与街道，第三环境是室内外环境，第四环境则是室内外陈设艺术。后三类环境创造人类生活环境，那么室内陈设艺术是属于第四环境设计范畴。

室内陈设艺术设计从字面上解释，"陈设"二字作为动词有排列、布置、安排、展示的含义；作为名词又有摆放的东西之意。现代意义的"陈设"与传统的"摆设"有相通之处，但前者领域更为广阔，可以说一切环境空间中都有陈设艺术问题。"艺术"二字的解释，德国美学家苏珊·朗格在《艺术问题》等著作中指出：艺术，是人的活动的符号创造，从客观方面讲，是人在对世界的认识中给予世界的形式，但艺术的符号形式不同于其他形式，科学的太阳只有一个，艺术的太阳却每天都不一样。艺术符号让世界对人

以一种新的面貌展示出来。艺术符号从主体方面讲，就是一种情感的形式，它直接展示情感活动的结构模式。正是由于艺术给内部经验赋予形式，使人能够真实地把握住生命的运动和情感的产生、起伏和消失的过程。艺术中的情感不同于日常生活中的情感，它是形式中的情感，当给情感以一定形式的时候，人就把握住了这种情感。说明"艺术"贵于创新、"艺术"高于生活和"艺术"最终是要为人服务的哲理。"设计"英文是"DESIGN"一词，世界各国说法各异，拉丁语中意思是画上的记号。"设计"本来的意思，就是通过符号把设计计划表现出来；法语将"设计"看作素描、图案；日本曾一度把"设计"译成图案；国内也有人讲"设计是利用多种手段把构思与计划以视觉方式传达出来的活动，设计不只是美化，它包括合理性、经济性、审美性、独创性、适应性"。

根据字面的含义，加上个人的理解，室内陈设艺术设计的定义是：在室内设计的过程中，设计者根据环境特点、功能需求、审美要求、使用对象要求、工艺特点等要素，精心设计出高舒适度、高艺术境界、高品位的理想环境。

二、陈设的原则

局部陈设服从全局，这也是艺术的普遍规律。在设计构思中会出现很多想法，不能把所有灵感都塞在这个空间里，经常要忍痛割爱，多做减法，局部陈设服从整体，贯穿全局。

第一，符合空间的属性，无论是居住空间还是公共空间，陈设都必须符合空间的总体功能属性，尽量做到以空间功能为出发点，重点考虑使用者的舒适度和合理性。同时兼顾美观的需求，使用美学手段来布置室内，使其在适当的不影响使用功能的前提下更加美观。

第二，符合视觉审美中提倡的基本规律。在基础美学中我们已经学习如何使视觉受到冲击，进而使人们产生愉悦感。这也就是我们所要讲的

基础美学原则。无论是夸张、对比、和谐、突出还是其他基本美学原则，只有适当地使用和合理地组合才能形成综合的美感，当然具体的设计还要根据室内的建筑条件、环境色彩、室内围合的结构以及室内照明等具体情况灵活运用。

第三，符合安全约束。陈设与装饰主要是通过视觉产生美感的，但是在追求视觉效果的同时还要兼顾陈设的安全问题，这里重点指的是水电的安全，我们要考虑空间中的设备设施因素，不要单纯地为了追求美感而忽略室内设计不安全因素带来的安全隐患。

第四，符合使用者的个性。无论是居住空间还是公共空间，使用者的需求都是设计者应该尊重的。由于使用者的身份、职业、喜好、习惯会有很大差异，这样就直接造成对于空间的要求大相径庭，因此在室内设计中应该充分考虑使用者的需求。

第二节 //// 室内陈设的类型

室内陈设艺术设计的类型相当复杂，根据使用性质不同可以大体划分为"住宅环境室内陈设艺术设计"与"公共环境室内陈设艺术设计"两类。

住宅环境的对象是家庭的居住空间，无论是独户住宅、别墅，还是普通公寓都在这个范畴之中，由于家庭是社会的细胞，而家庭生活具有特殊性质和不同的需求，因此，住宅室内陈设艺术设计成为一个专门性的领域。它的主要目的是根据居住者的住宅环境、空间大小、人数多少、经济条件、职业特征、身份地位、性格爱好等进行相应的陈设艺术设计，为家庭塑造出理想的温馨环境。

而公共环境室内陈设艺术设计，包括的内容极其广泛，除了住宅以外的所有建筑物的内部空间，如饭店共享空间、商业空间、娱乐空间、会议办公空间等环境，甚至包括室外的公园、广场、游乐园等环境。各种空间环境形态不同，性质各异，必须给予充分的机能和完美形式，才能满足特殊性质的需求，创造独特的公共环境氛围。

室内陈设艺术设计的目的包含物质建设和精神建设两个方面：

室内"物质建设"以自然的和人为的生活要素为基本内容，它以能使人体生理获得健康、安全、舒适、便利为主要目的。"物质建设"又必须兼顾"实用性"和"经济性"，并建立在人力、物力、财力的有效利用上。室内所有物质设备必须充分利用和避免浪费，要充分利用现有物质条件变废为宝，休息的空间设备必须注重劳力的节省和体力的恢复，根据投资能力做出符合实际的精密预算等。

室内"精神建设"是室内陈设艺术设计的重点，它是以精神品质、性灵和以视觉传递方式的生活内涵为基本领域。从原则上讲，室内精神建设必须充分发挥"艺术性"和"个性"两个方面：

"艺术性"的追求是美化室内视觉环境的有效方法，是建立在装饰规律中形式原理和形式法则的基础上面。室内的造型、色彩、光线和材质等要素，必须在美学原理的制约下，求得愉悦感观和鼓舞精神、陶冶情操的美感效果。

"个性"的塑造是表现室内性灵境界的理想选择，是完全建立在性格、特性、性情和学识教养程度各异的因素之上，通过室内形式，反映出不同的情趣和格调，才能满足和表现每个人和群体的特殊精神品质和心灵内涵。"艺术性"与"个性"经常共同创造温情空间，所以室内陈设艺术设计必须经常通过美感和个性两个基本原则，使有限的空间发挥最大的艺术形式效应，创造非凡的、富于情感的室内生活环境。

综上所述，室内陈设艺术设计要重视室内

环境中的两个建设："物质建设"和"精神建设"。要灵活运用四个性能：实用性、经济性、艺术性及个性。室内陈设艺术设计必须积极调动人的聪明才智，展开丰富的空间想象力，充分发挥有限的物质条件，以创造无穷的精神世界，造福人类。

果相关，通常需要达到的视觉效果实际能够体现一定的对比，又不破坏室内整体形象，既突出又不会喧宾夺主。

一、书画艺术

书画和绘画艺术的陈列可以体现空间所有者的艺术修养和文化品位。根据人的国籍、民族、生活环境、个人喜好、个人经历的不同，人们对于书画艺术的选择也不尽相同。

书画艺术的陈设来源一般分为三种。第一种是历史性书画，具有一定的历史价值、收藏价值和经济价值；第二种是当代名家书画收藏，这类书画具有一定的收藏价值和升值空间；第三类是根据个人的喜好，纯粹作为调节空间气氛的因素而进行的书画装饰，这类书画往往对空间所有者有着比较特殊的意义。

书画在室内的陈设方式一般是悬挂于墙面之上。其大小与空间墙面的大小以及空间整体的效

图6-4

图6-3

图6-5

图6-6

图6-7

二、纺织艺术

纺织品有质地柔软、肌理丰富、色彩绚丽、加工方便等特点，在室内装饰中始终占有重要地位。纺织品在室内常见的形式有地毯、壁挂、窗帘以及家具表面。

地毯作为地面空间的辅助装饰手段，对室内质地的调节以及色彩的调节都起到十分积极的作用。在硬质铺装中，由于石材或木材等地面常见材质的色彩一般集中在比较柔和的色系当中，因此某些空间需要用地毯来调节地面颜色。地毯的色彩既可以艳丽又可以柔和，图案既可以单一又可以丰富。它除了能够调节室内色彩之外，还能够增加室内的舒适度，地毯的柔和可以增加人们在室内行走的舒适度，并且减少噪音的产生。

壁挂是一种纺织艺术，作为室内陈设可以增强室内的艺术气息和文化氛围。

纺织品还可以作为家具的表面装饰。例如沙发表面、靠枕等。它的优点是可以通过更换表面的装饰来改变室内空间的视觉感受。

图6-8

图6-9

图6-10

图6-11

图6-12

三、小型艺术品

生活中的任何小物件都可能成为室内装饰品。生活中的一件雕塑、一件玉器、一套酒具、一面镜子等都有可能成为装点生活空间的物品。小型艺术品，不会改变室内陈设的整体效果，却可以体现空间所有人的个人特征和生活经历等信息。我们通过对小型艺术品的选择，基本可以判断一个人的民族、年龄、职业状态、文化程度、艺术修养以及个性特征等，因此，小型艺术品的选择也应谨慎。另外，单一数量的小型艺术品一般都是摆放在家具之上或者悬挂于墙面之上的，但是在数量众多的情况下，小型艺术品也有可能成为室内视觉的中心，因此在数量和种类的选择上也应该根据整体室内的陈设条件、有目的地进行选择与摆放。

例。例如整体的绿化墙、绿化天棚、绿化隔断等。小型绿化则不能称为视觉的中心，一般是在室内空间的某一位置放置盆栽绿化，点缀、美化局部环境，调节室内的轻松氛围和浪漫情调。

四、植物

室内植物的陈设源于人们对于自然的热爱。人们在自然界中能够体会到的宁静与清新，在室内空间中同样希望得到，因此人们希望在室内空间中用绿化装点环境。室内绿化可以分为大型绿化和小型绿化。大型绿化是指利用绿化来装饰某个空间界面，在室内空间中形成比较突出的视觉中心。其体量和面积都在空间中占有较高的比

图6-14

图6-13

图6-15

图6-16

五、大型雕塑

雕塑本身就是极具感染力的艺术形式。人们在室内采用雕塑作品的目的有两个，一是增强空间中的艺术气息，使空间档次有所提升。二是将雕塑作为空间中醒目的标志，帮助人们在纷杂的室内空间中辨识区域和方向。一般室内雕塑的尺寸都比较巨大，可以在视觉上产生明显的中心和重点，体量关系比较强烈，在室内空间中占据比较中心的位置。作为室内空间中的重点陈设，室内雕塑的材质一般比较环保，整体形象比较柔和，设计意向比较积极，另外肌理比较平缓，安全度较高。

室内雕塑的周围一般围绕着景观或绿化，使雕塑的区域感更加明显，这也有益于人们以雕塑为标志确定空间的方位。同时雕塑周围还是整体空间的聚集地和疏散地。人们通过这一区域分别行走至各个功能区域，因此这一区域也是大型空间的交通枢纽。

图6-18

图6-17

六、其他

由于人们的审美追求是永无止境的，因此空间设计在满足形式美法则基础上，在空间的形象、布局、材质、体量上总是不断地有所突破。

心理学家指出："在单调重复的对象刺激下，人的注意力往往会迟钝起来，难以产生心理反应，新颖奇特的对象则会促使人脑神经系统兴奋，激发强烈注意力。"具有新奇感的对象总是使人乐于关注的。

图6-19

每个人都有明显的求新心理，对事物、对形象、对周围的一切，人们永远乐此不疲地追求更新、更奇的东西。正因为如此，社会才能进步、发展至如今，否则，我们仍旧停留在住山洞、食野果的原始社会时期。求新心理，反映在我们每个人的很多方面，时代的发展直接影响着人们的审美情趣与评价标准，陈旧的、司空见惯的视觉形象自然不会让人产生兴趣，人们由于过于熟知而有厌倦心理。打破固定形象、结构、材质模式，寻求新的兴奋点，历来是空间研究的重点。

近些年来，室内空间不断推陈出新，更多的形象、材质被应用到设计实践中来，形成了无数"崭新"的空间，我们也期待着未来的设计中能够继续出现震撼我们的作品。

七、家具陈设

家具是空间中最为实用的陈设，因此家具的陈设应该符合人们的使用需求。尤其在家具的具体尺度上，应该符合人们的日常使用习惯和身体运动范围。

家具的风格和种类是多样的，但是无论什么样的风格和种类，在同一空间中应该本着统一、协调的原则进行家具的陈设。大部分空间中家具的样式、特色、材质和颜色都应该尽量统一，便于在室内形成统一的视觉效果，并使空间保持良好的秩序感。有一些特殊的空间，例如展示空间、娱乐空间等为了追求特殊的视觉效果，有意选择样式色彩等纷杂的家具作为陈设的特殊手段，也应在满足使用尺度合理的条件之上，创造视觉效果。

第三节////艺术品与室内空间形象

艺术品，一向被认为是生活中的奢侈品。它不仅是人们文化修养的代表，而且是艺术品位的象征。在室内空间中，艺术品的陈设无疑会为空间增加一道靓丽的风景。但是对于艺术品的选择却需要经过谨慎的考虑。艺术品的陈列基本上需要遵循四个原则。

一是种类统一的原则。在同一空间中的艺术品，种类尽量统一。纷杂的艺术品堆砌在一起非但起不到装饰作用，还会破坏室内装饰气氛和艺术品位。

二是数量适中的原则。艺术品贵在少而精，败在多而杂。具体的陈设数量要根据空间的大小来具体设计。另外多件艺术品统一陈列时应该注重秩序和对比关系。

三是品质优越原则。艺术品的陈列应该讲究质量，无论是古董还是现代艺术品，都应该遵循真实的原则。在室内摆放假古董不仅不能提升空间的形象，反而如东施效颦一样降低了空间的档次。

四是空间适合原则。不同功能的空间，适合陈列的艺术品也有明显的区别。公共场所、私人场所陈设的艺术品的尺寸、价值、类型、风格等都是截然不同的，因此艺术品的陈列应该根据空间的功能、面积、采光条件等综合因素来具体分析。

图6-21

图6-22

图6-23

图6-20

图6—24

第四节/////室内家具

　　家具是空间构成的重要元素，家具不仅具有实用功能，而且其形象、材质、风格等都在空间中构成独特的空间视觉形象。家具和空间界面本身的形象有很大的不同之处。其一，家具的使用功能更加直接，人们选择家具时通常会根据实用性原则来进行选择，换句话说，人们对家具的基本要求是"用"。而对于并没有实际使用功能的家具，无论其样式、材质等如何，都不会进入人们选购的范畴。其二，家具具有室内界面陈设多不具备的灵活性。因为家具是可以移动的，同样的家具，由于摆放的位置不同，搭配的效果不同，所形成的室内的感受也会不同。因此同样的

家具，由不同的使用者进行布置，其呈现出来的空间效果是不会完全一致的。也正因如此，对于家具的选择和家具的布置都是在室内设计中应该斟酌的问题。

　　家具对于空间效果起到一定的补充和弥补作用。空间界面由于受到建筑结构和形态的影响，其形式较固定，尤其是墙体的分割和空间面积等因素几乎不能仅仅依靠对界面的装饰而形成崭新的空间感受。而家具由于种类繁多、尺度各异，在空间中可以起到一定的围合空间、阻挡视线的作用。例如大尺度的柜体、屏风、隔断等。另外家具也可以在整体空间中起到变更人们的行走路线、引导人们的行进方向等作用。当人们身处一个空间中，如果不受到任何阻碍，那么人们的活

动则是完全自由的。当人们在行动中遇到障碍物，那么人们就会为了绕过障碍物而改变行动方式或行走路线。家具在空间中起到的作用也正是如此。因为有了家具的存在，人们才会按照设计师设计好的流线进行运动。即使是在类似住宅之类的小型空间中，家具所产生的流线也是十分重要的。正是因为有了固定的流线，才使空间有了更进一步的划分，甚至在同一空间中进一步划分出不同功能的心理空间。

图6—26

一、室内家具原则

1.适用原则。适用原则包含两个含义，第一是有用的，第二是合适的。任何家具，如果不符合使用者使用的功能，那么它的存在就没有意义，更谈不上合适。而作为一件有实际用途的家具在空间中的存在是否合适，那就要看空间的面积、空间的功能，以及使用者对空间的要求如何。

图6—27

图6—25

2. 一致原则。家具既然是空间设计的一部分，那么家具的选择就应该满足整体的空间设计效果的要求。这其中要考虑诸多因素，例如家具的尺度、家具的材质、家具的色彩、室内的照明效果与家具的体现等。

家具的尺度与空间的尺度是否和谐是家具选择原则的基础。如果家具尺度相对于空间来讲过大，那么整体空间就会显得过于拥挤，而且还面临着某些尺度的家具进出空间的运输问题无法解决。当然我们这里所讲述的只是针对一般的空间与家具的问题。对于个别特殊空间，为了搬运家具和陈设打通墙体的情况也会出现，但那些都是极个别的情况。在大多数情况下，家具的选择还是首先要考虑到空间面积尺度的因素。

图6-29

图6-30

图6-28

图6-31

　　家具的材质应与空间的材质保持和谐。因为家具的材质非常丰富，因此形成的效果也丰富多彩，这为我们选择家具提供了非常良好的条件。在符合尺度要求的基础上，我们应该根据室内空间界面的装饰程度、装饰风格以及各个界面的材质来进行家具的选择，使其尽量融合一致。另外，空间本身材质的档次应与家具材质的档次保持一致，这不仅是在空间整体设计时对于综合造价的设计，也是整体空间视觉感受和谐的关键。

图6-33

图6-32

图6-34

图6-35

图6-36

大堂、美术馆等。而对于需要人们的情绪变化较大的空间，我们则可以有意地使室内的色彩产生丰富的对比，甚者强烈反差的视觉对比，例如酒吧、娱乐厅、游戏厅等。除此之外，还应该根据空间的特定功能来调节家具色彩的设计，例如幼儿园空间设计、医疗空间设计等。

图6-37

图6-38

图6-39

　　家具色彩与空间色彩搭配时我们可以利用和谐关系、对比关系等基本空间色彩法则来具体设计空间整体色彩。而对于不同类型的空间，我们所把握的色彩原则应该区别对待，总体而言，需要人的情绪比较平和的空间，我们应更多地采用和谐的色彩关系，例如居住空间、图书馆、酒店

图6—40

图6—41

光线对于室内效果起到至关重要的作用。虽然照明并非实质性的物品，但是其营造出来的室内环境效果不可小觑。空间中光线的变化为人们带来的是全新的视觉感受，这种感受也将直接影响到人们的心理感受以及在空间中的舒适度。例如战争纪念馆空间，昏暗的光线带给人们压抑沉重的情绪，继而实现人们对空间设计的整体理解；又如商业空间，照明纷杂且重点照明较多，这有利于人们的情绪处于一种愉悦状态，促使人们产生商业行为。家具在不同灯光照射下所呈现出来的色彩、肌理都不尽相同，给人们带来的美感也会有所不同，而家具的样式、色彩会随着室内光线的变化而产生不同的效果，因此我们可以根据这一原理，利用家具的色彩来对室内照明感受进行调解。例如住宅空间中采光较好的空间我们可以适当选用深色家具，以免室内光线感受过强产生更多的眩光效果，而对于低矮楼层，或者采光条件不好的室内空间，我们可以利用浅色家具或彩色家具来弥补照明不足。

3.审美原则。家具的摆放要符合空间整体对审美的需求。这固然与空间本身的性质有关，但是设计中还是要遵循家具的特点和使用规律整体的进行布局设计。例如会议室、报告厅等相对严肃的空间，在家具的布局及摆放设计中就应尽量遵循规矩的、对称的、平衡的布局原则；对于幼儿园、艺术工作室等相对活跃的空间则可以进行不规则布局；而对于餐厅、商场等人群聚集的空间，家具摆放时则要根据人群密度和动线分区域进行疏密关系合理的布局。

图6-42

图6-43

图6-44

图6-45

二、室内家具与空间界面的融合

如果说室内空间的各个界面的形象设计是根据建筑空间而进行的,那么家具的设计就是根据空间形象而进行的。不同空间会有不同风格,也会有不同的性格,家具设计既然是空间设计的一部分,它就必然要承袭整体空间的风格和性格。主要体现一定的社会阶级、经济状况、民族民俗、个人喜好、文化素养。

家具本身有自身的风格流派,由于其产生和发展的时间不同、地域不同、民族不同而有很多种分类方法。有一些按照民族的特点来分,例如中式传统家具、欧式传统家具等。也有一些按照历史上形成的比较著名的流派来分,例如巴洛克家具、洛可可家具等。还有一些按照地域特点来分,例如希腊家具、罗马式家具、地中海式家具等。还有的按照历史时代划分,例如文艺复兴家

具、古典家具、中世纪家具、现代家具等。其实所谓的风格一说并不精确,因为其分类方式和名称并没有统一的原则,因此我们最终还要从室内整体空间的角度去研究具体的家具设计。

图6—47

图6—46

图6—48

图6—50

图6—49

三、室内家具与空间氛围

良好的家具不仅可以在视觉上给人以愉悦，还可以在整体上给人以心理暗示，使人们感受到某种特定的氛围，而这种氛围一定是适合空间主题的。例如图书馆设计，其家具无论从样式还是色彩，配合上室内柔和明亮的灯光照明，都会给人以一种莫名的宁静，能够唤起人们追求知识的欲望。

图6-53

图6-51

图6-52

图6-54

图6-55

图6-56

图6-58

图6-57

图6-59

图6-60

图6-61

第五节//////陈设与室内气氛

一、陈设的量

　　一个空间中家具与陈设的量往往决定了一个空间的性质。空间中的陈设与家具的量越少，空间也就越空旷，反之空间会显得紧凑以至于局促。那么对于空间中陈设以及家具的数量和尺度的设计首先要根据空间的具体性质和功能进行。一个普通的餐饮空间，家具与陈设的数量太少，不仅无法满足业主的商业利益，还会使空间空旷，导致缺少热烈的氛围而使食客减少；而家具与陈设过于密集又会降低餐饮空间的档次，同样不会起到良好的效果。而茶室空间设计如果与餐饮空间的密度一样，那么空间就无法入目了，因为品茶时的心理需求和日常就餐时的心理需求是完全不一样的，对于空间氛围的要求也大相径庭。因此具体的陈列密度还要根据空间的性质来决定。

图6-63

图6-64

图6-62

二、陈设的气氛

气氛是室内环境综合作用形成的一种感受。它受包括建筑结构、空间形态、界面造型、灯光与色彩、室内陈设、空间中人的活动等因素影响。陈设作为空间气氛的辅助手段，也是室内装饰设计的最后一个设计环节，对整体空间气氛起到至关重要的调节作用。我们可以通过陈设设计来弥补和完善初期空间装饰的不足，也可以通过陈设来确立调整空间秩序和空间形象。陈设是细节设计，然而细节往往决定成败，因此细节设计也是整体设计。

图6-67

图6-65

图6-68

图6-66

图6-69

图6-70

图6-71

图6—72

图6—73

图6—74

第七章 空间性格与情绪

— 本章重点 》

1. 了解什么是空间性格。

2. 掌握空间尺度、形态、色彩、照明等因素对空间性格的影响。

— 学习目标 》

通过学习营造空间气氛的手段，强化空间性格，达到利用设计对空间中人们心理及行为的影响。

— 建议学时 》

12学时。

第七章　空间性格与情绪

第一节////空间尺度与空间性格

一、人对空间的需求

空间不仅是人们赖以生存的条件，还是人们行为习惯、性格喜好的体现。从私密空间的布置上看，个人对空间的喜好和选择不仅体现了人们的经济状况，还体现了一个人的民族、年龄、职业、喜好、生活习惯等。同样，空间本身也各有特色，其结构丰富，界面多边，材料和肌理多种多样，色彩和灯光也各不相同，因此形成的空间气氛也各不一样。正因如此，空间可以满足人们各种各样的需求。

人们有基本的活动需求。无论是儿童还是成年人都需要一定的活动空间。人们对于活动空间的基本要求是开敞、平整、明亮。室内多采用具有一定弹性和柔软度的材料，地面常使用地板或地胶。同时举架较高，便于各种运动的需求。

人有生存的需求，因此居住是最普遍的空间需求。居住空间的形式比较丰富，但是功能却大同小异，最基本的功能空间有卧室、餐厅、厨房、卫生间等，用于满足家庭成员最基本的生活需求。在面积较大的居住空间中可以逐渐增加休闲娱乐的功能，例如书房、影音室、工作室、健身室、会客厅、花房等个性化较强的空间。

餐饮空间是人们常常接触的一种空间形态。它的基本功能是就餐和交流。去餐厅就餐一般是2人以上的群体行为。根据一般的就餐习惯，餐厅常设卡座形式，一般可以提供2~6人就餐，大厅圆桌形式可以提供8~12人就餐，包房形式适合12~20人就餐，还有宴会厅适合公司集体就餐活动的举办和婚礼等群体活动的举办。根据餐厅经营的菜系不同，餐厅中景观和交通空间占据的

比例也不同。一般来讲，快餐一类的餐饮空间就餐区域安排比较紧凑，交通空间仅能满足必要的交通需求，而景观空间十分匮乏。普通的中、西餐厅中的景观区域和休闲区域设计就会相对增加面积，而对于价格十分昂贵的中、西餐厅则十分重视室内景观的设计以及休闲区域的规划。

图7-1

图7-2

图7-3

除此之外，人们还有各种精神生活的需求。因此各种娱乐休闲空间便应运而生。其中常见的空间形式有电影院、小剧场、游戏厅、洗浴空间、歌舞厅等。人们业余生活的品质是随着经济条件的发展而不断提升的。因此休闲娱乐场所的类型和级别正在不断地更新与发展，所需要的空间质量也会随着社会经济的进一步活跃而逐渐提升。

图7—4

　　人们在生活工作之余除了参与一些休闲娱乐活动之外，还需要在精神上不断提升自我修养，因此出现了文化休闲类的空间，例如美术馆、音乐厅、艺术工作室、图书馆等。经济越发达的国家和地区，对于文化和艺术的追求也就越广泛，文化艺术不仅是社会人的精神依托，还体现了人们对自身修养的追求。因此，此类空间也是人对活动场所的需求之一。

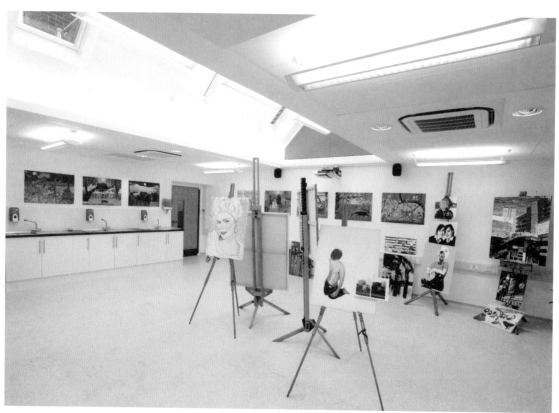

图7—5

二、利用尺度营造空间

空间，我们一般认为是由天花、墙面、地面围合而成的六面体。这些空间界面的尺度决定了人们使用的室内空间的大小。而确定这些空间界面的尺度，除了必须参照现代材料和技术的发展之外，最根本的因素还是空间中的使用功能。也就是说，这个空间首先要确定的是需要进行什么样的活动，然后才能根据具体的活动需求来确立空间的大小，继而确立围合空间的界面的尺度。

例如大型游乐项目需要的室内空间无论是从平面上，还是在立面上，都需要广阔的空间来进行，而且这个广阔空间中还要避免任何障碍物，例如柱子等。因此设计者在决定空间尺寸的同时还要确定建筑的结构，继而确定建筑所采用的材料以及施工工艺。也就是说，空间尺度实际上是空间功能的体现，同时影响着建筑的结构以及材料等技术问题。

图7-8

对于空间的尺度，除了空间的功能之外，也应该参照空间的意境问题来综合考虑。设计师们往往根据自身的审美意向或者艺术思维创造出无限丰富的空间形态。除了我们经常看到的异形空间，还有特殊尺度的空间，也会为我们带来全新的视觉和心理感受。

图7-6

图7-9　马德里酒店

图7-7

图7-10

第二节////空间形态与情绪引导

一、开敞

开敞空间一般面积较大，且空间中没有围合，无论从行为上还是视线上都不受阻碍。在这样的空间中，人与人之间的交流没有障碍，随时都有可能与他人进行沟通。因此，这样的空间性格是外向的。由于空间尺度较大，人们的心情相对舒畅、积极；另外由于自身的行为随时暴露在公众之下，自身也会不自觉地约束自己的行为。

有些功能空间比较适合在开敞空间中进行，例如商业空间、办公空间、学校、礼堂等。由于人们活动本身需要进行积极广泛的交流，因此

图7-12

图7-11

一个开敞的空间有利于人们实现自身的需求。由于空间的公众性，空间中的家具、陈设都应考虑其坚固性和统一性。除了满足使用的基本条件之外，还要兼顾整体空间形象的统一。在照明上比较适合明亮的照度，并且照明手法要多样，配合整体空间气氛来进行设计。

二、封闭

封闭空间一般面积较小，而且有一定的私密性，因此空间具有一定的内向性格。在封闭空间中，人们的行为比较随意，也比较慵懒，可以自由自在地按照自己的习惯做事。这种空间常常出现在生活类型的空间中和对私密要求较高的空间，例如个人住宅、更衣室、商业洽谈室等。

这样的空间在界面处理上尽量合理地采用隔音材料，并且根据空间的具体用途适当增减空间界面的造型设计。对于个别特殊的封闭空间还要避免自然采光，以便增加空间私密性。

在这样的空间中，一般很少与他人进行沟通，自身的行为和形象也不会被他人窥探，因此，封闭性空间常给人以放松的感受。其室内的家具布置也可以多参考使用者的个人喜好和习惯。陈设的数量和种类可以适当增加，强化空间的私有性和亲切感。

图7-13

三、曲折

曲折空间是由于空间分割产生的。是一个大空间由于序列组织和分割而形成的一种动态空间。人们在空间中可以随着不间断的运动来实现不同的功能。这类空间一般是一个大型空间，其中虽然没有明确的分割，但却存在若干不同的功能，是一个综合性质的整体空间。例如酒店大堂，其中的问询、手续办理、租赁服务、休息区、业务区等不同的功能都会集中在同一个大堂空间中；彼此之间既是独立功能却又隶属于同一功能空间；各个空间中虽然没有独立封闭的形态，却拥有各自不同的明确的功能。这就需要人们在一个大型空间中从界面、陈设、照明等角度去划分各个区域，因而形成行为上的曲折空间。

图7-14

四、变换

空间始终是没有固定模式的，平面上的分割和立面上的变换都可以使空间的形态发生变化。而空间设计的魅力就在于各个室内空间界面并不能独立地分离，有时在进行空间设计的时候我们会把它当成是一个整体，墙面和地面可以融为一体，墙面和天花也可以融为一体，甚者墙面和家具也可以融为一体。例如扎哈·哈迪德设计的马德里酒店就是一个经典例子。纯白色的空间本身就淡化了各个空间界面之间的界限，加之自由浪漫的造型，不仅使界面造型耳目一新，更是巧妙地设计了座椅的功能，这不仅与酒店房间内部设计如出一辙，还使整个楼层浑然天成。

图7-15

图7-16

图7-17

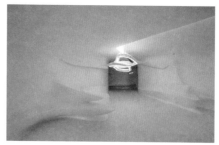

图7-18

图7-19

图7-20

图7-21

第三节////影响空间性格的主要因素

一、建筑结构

我们之前讲过建筑的基本结构。其中大跨度结构空间由于适应性广泛，形成的空间形象丰富，能够给人现代气息和艺术氛围浓郁的感受。不规则的空间立面不仅能够满足人们视觉上的新鲜感，还能让人在精神上产生趣味空间、特色空间的心理感受，从而增加人们对空间的印象。

二、空间组合方式

多空间的组合是一门艺术，良好的空间组合关系不仅可以增强空间的流动性，还可以使空间变得妙趣横生。空间的组合一般是通过空间的对比与变化来实现的，平铺直叙的空间过渡是索然无味的，而两个空间在体量、面积、形象、光线等因素上的对比关系可以增强空间的变化感。人

图7-23

图7-22

们从一个空间过渡到另一个空间，心理自然会受到这些对比变化的影响，而对于新的空间产生新奇的感受。因此空间中的对比变化会影响人的心理和情绪。

三、空间界面造型

空间造型，一般根据室内的功能和建筑结构进行设计，同时结合材质的质感和色彩共同形成空间界面造型的视觉形象。

材质的新颖、体量的夸张、色彩的对比、光线的变化、形象的奇异都是空间造型的手段。在公共空间的设计中，这些手段常常被使用，并且相辅相成，共同发挥作用，为我们带来无限的美感与精神享受。

审美心理学中提出："对比中的强度，以及客观对象的新异性，是引起审美注意的客观原因。"康定斯基认为："我们在塑造形体时，所注重的不仅仅是外面的形态，而是存在于内部那些力之所在。"我们在空间设计中，为了避免单调而求变化，引起人们视觉的兴趣，博得人们的观赏欲望，就要采用对比的手法。对比是多方面的，在具体设计当中体现在形象大小的对比、长短以及间距宽窄的对比等。在形体之间的组合上，有疏密关系的对比、形象的差异对比、主与次关系的对比等。另外，还要有形象排列方向的对比，以及色彩明度与彩度之间的对比等。

图7-25

图7-26

图7-24

图7-27

四、空间序列设计

空间序列的设计可以影响人的心理。在整体空间中,各个空间的疏密设计、动静分区设计、重点设计等序列设计问题,都会引起人们情绪上的波动。人们由一个纷杂的空间突然转入一个宁静的空间,人们从一个陈列密集的空间突然进入一个空旷的空间,人们从一个平淡的生活空间突然进入一个陈设夸张的空间,这种视觉上的刺激都会使人们在心理上感受到震撼。展馆设计正是利用了这些能够引起人们心理和情绪变化的空间布局手段来始终牵引着人们的情绪完成参观的。

图7-30

图7-28

图7-29

图7-31

五、室内照明

照明对人们的影响来源于两个方面,一是照明的亮度,二是光源的颜色。

我们能够感受空间的形态,看见物体的样貌,分辨色彩、肌理,这都是光线的功劳。自然的光线为人们创造了日常生活必要条件,却很难激发人们的视觉刺激。但是在室内效果和气氛的营造上,我们却可以通过改变照明的亮度来实现。例如昏暗的光线可以使人产生沉重或危险的心理感受,过于明亮炫目的环境会使人产生玄幻的感受等。

但是光线绝不仅仅限于明亮还是昏暗,光线本身也有自己的性格和特点。其中最重要的就是冷光与暖光。原本冷和暖这两个字都是指人的感觉,但在这里我们却不得不说照明的确也有冷暖之分。通常类似黄、橘等色调的比较柔和的灯光给人舒适的感觉,我们称之为暖光;而以白、蓝、绿、紫为主色调的光线则给人以肃穆或者阴沉的感觉,我们称之为冷光。暖色光给人的感受往往是温暖、舒适的,而冷色光给人的感受是奇异或阴沉的。根据不同的空间性质,我们可以有意地采用不同照度、不同光色的照明,作为辅助空间造型的手段来共同营造空间气氛。

图7-33

图7-34

图7-32

图7-35

图7—36

图7—37

六、室内色彩与肌理

空间中的界面一般通过色彩和质感来展现。围成空间的天花、墙面、地面都是由物质材料做成的。它必然具有色彩和质感。而空间界面中的色彩和直观的对比关系共同作用是空间造型设计的重要参考因素。

质感来源于肌理变化。

肌理是一种物体表面的纹理。从肌理的外表感觉来说，可分为视觉肌理和触觉肌理。物体表面的粗糙与光滑、凹凸与柔软等效果，是通过眼睛的观察及触觉的配合，最终将信息传送给大脑，大脑做出复杂的思维想象。

肌理可分为两种：一种可称为自然肌理，另一种可称为人造肌理，前一种主要是指材料本身原有的肌理，如自然界中风化的岩石、植物的树皮、动物贝壳上的花纹等，本身的纹理凹凸的肌理效果。因其材质不同，所以物体表面的肌理效果也各不相同。人造肌理是人为创造出来的形态，表面崭新的组织构造和不同于原材质的感官效果。充分考虑材料的质感与肌理效果，采用调和与对比的原理，增加立体感觉，起到丰富造型装饰的作用。

同时光线也是产生肌理效果的必要条件，如果选择光线的角度不好或者光线过弱，那么将无肌理可言。在采用正面光、侧面光、顶面光及底面光时，效果也各不相同。另外，自然光与人造光效果也会不一样。如何选用光线，主要是根据需要，采用侧面光可产生较强的肌理效果，起到很好的装饰作用。如果仅需要表达形体之间的组合关系，突出完整的统一体，可不采用侧面光，选用底面光及其他光线。

图7-38

图7-39

图7-40

图7—41

图7—42

图7-43